AF377867

JÉSUS VU PAR UN MUSULMAN

JÉSUS VU PAR UN MUSULMAN

Du même auteur

Aux Éditions Stock :

Contes initiatiques peuls : Njeddo Dewal mère de la calamité et Kaïdara, Paris 1994.
Petit Bodiel et autres contes de la savane, Paris 1994.

Chez d'autres éditeurs :

Koumen, texte initiatique des pasteurs peul, avec G. Dieterlen, Mouton, Paris, 1961 (épuisé).
Kaïdara, récit initiatique peul, Paris, 1969, coll. « Classiques africains », Les Belles Lettres (version poétique bilingue).
Aspects de la civilisation africaine, Présence Africaine, Paris, 1972 (réédité en 1993).
L'Étrange destin de Wangrin, Presses de la Cité 10-18, Paris, 1973. Grand Prix littéraire de l'Afrique noire (ADELF) en 1974.
L'Éclat de la grande étoile, coll. « Classiques africains », Paris, 1976. Les Belles Lettres (version poétique bilingue).
Vie et enseignement de Tierno Bokar, le sage de Bandiagara, Le Seuil, coll. « Points-Sagesses », Paris, 1980.
L'Empire peul du Macina, avec J. Daget, IFAN, Dakar, 1955 ; Mouton, Paris, 1962 ; reprise NEA/EHESS Abidjan/Paris, 1984 (épuisé).
Amkoullel l'enfant peul, Mémoires (tome I), Actes Sud, Arles, 1991, et coll. de poche Babel (Actes Sud) 1992. Prix Tropiques 1991 (CFD).

Grand Prix littéraire de l'Afrique noire hors concours en 1991 pour l'ensemble de l'œuvre.

Collection Amadou Hampâté Bâ, Nouvelles Éditions Ivoiriennes (reprise des titres des ex-NEA d'Abidjan) :

Jésus vu par un musulman, Abidjan, 1993.
Petit Bodiel, conte drolatique peul, Abidjan, 1993.
La Poignée de poussière, contes et récits du Mali, Abidjan, 1994.
Njeddo Dewal, mère de la calamité, conte fantastique peul, Abidjan, 1994.
Kaïdara, récit initiatique peul (version en prose), Abidjan, 1994.

Oui mon commandant ! Mémoires (tome II), Actes Sud, Arles, 1994.

Amadou Hampâté Bâ

Jésus
vu par un
musulman

Ouvrage publié grâce à la collaboration des
Nouvelles Éditions Ivoiriennes à Abidjan

Stock

ISBN 978-2-234-04403-6

Conférence faite à Niamey
le 4 juillet 1975
devant la commission épiscopale
des relations avec l'Islam

Les titres et le lexique ont été réalisés par le premier éditeur, les NEA d'Abidjan. Le lexique a été conservé, mais allégé sur certains points et complété sur d'autres.

Des notes supplémentaires, indiquées entre crochets, ont été introduites par Hélène Heckmann.

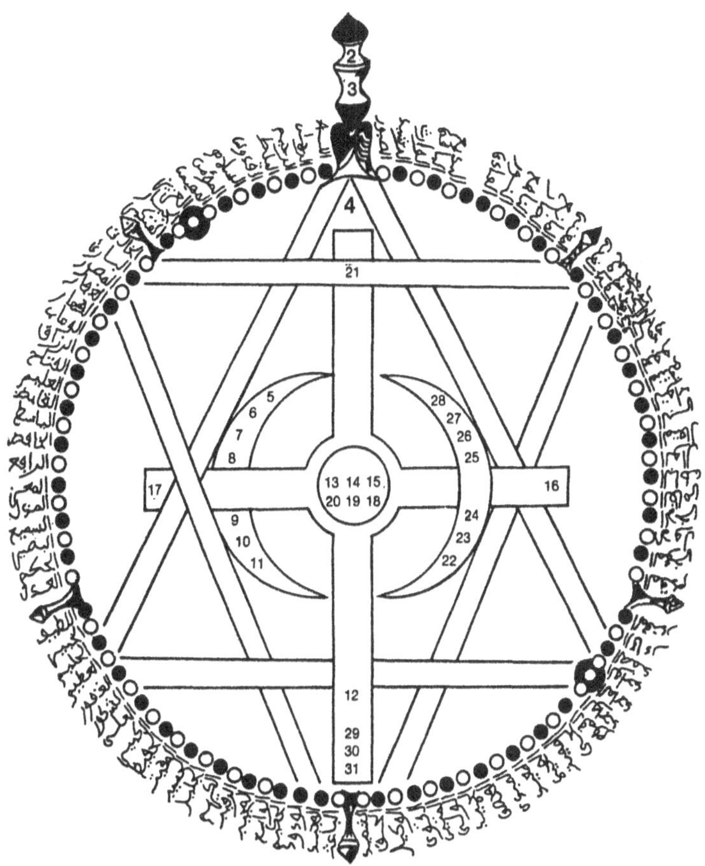

*Symbole de la convergence
des trois grandes religions monothéistes,
conçu et réalisé par A. Hampâté Bâ [1].*

1. Voir note annexe p. 113.

Préface

Les différentes Conférences épiscopales natio-
nales d'Afrique occidentale francophone se
regroupent au sein d'une organisation régionale.
Celle-ci compte diverses commissions parmi lesquelles on peut citer : clergé et séminaires, catéchèse*[1] et liturgie*, apostolat* des laïcs, moyens
de communication sociale, œcuménisme*, relations avec les musulmans, religions traditionnelles
et syncrétistes*. Les différentes commissions
visent à aider les évêques de la Région à appré-
hender les problèmes qui se posent à eux. C'est de
la commission des relations avec les musulmans
qu'il est ici question.

Du 1er au 8 juillet 1975, elle organisait à

1. Voir lexique.

Niamey (Niger) une session sur le thème : « Nos communautés chrétiennes sont-elles la révélation de Jésus-Christ aux musulmans ? » Douze pays s'y trouvaient représentés. Parmi la centaine de participants : des évêques, des prêtres, des religieux et religieuses, des laïcs. Il y avait des chrétiens et des musulmans. C'est dans ce cadre que se situe la conférence prononcée par M. Amadou Hampâté Bâ sur le thème « Jésus en Islam : sa place officielle, son importance dans le courant mystique, la connaissance et l'attachement à Jésus chez les musulmans africains ».

M. Hampâté Bâ, bien connu pour sa sagesse et sa grande ouverture, se définit lui-même comme « un homme de dialogue religieux, comme d'autres sont hommes de dialogue en d'autres domaines ». Son exposé sur Jésus relève de la doctrine traditionnelle de l'Islam, de la pensée des mystiques musulmans et... de la pensée d'Hampâté Bâ. Dans un développement très intéressant pour qui s'attache aux convergences, il souligne longuement la place de Marie, la « matrice du bijou divin » selon l'expression de son maître Tierno Bokar.

Si certains points de cette conférence ne sont

pas conformes à la foi d'un chrétien, par contre de nombreuses pages emportent son adhésion.

Amis lecteurs, quelles que soient vos convictions religieuses, revêtez-vous d'humilité et de disponibilité « afin que l'Amour nous mette sur le chemin de la Charité qui mène à la Vérité ».

Abidjan, le 30 octobre 1975,
Monseigneur Laurent Yapi.

Parler de Jésus, c'est tenter une entreprise surhumaine

Excellences,
Révérends pères,
Chers frères et sœurs,

Louange à Dieu, notre Seigneur et Créateur ! Prière et Paix sur tous les Envoyés de Dieu et sur tous ceux qui, à quelque titre que ce soit, ont travaillé en vue de faire triompher la cause de Dieu, dans l'amour de tous et l'entente avec tous.

A Dieu nous appartenons. De Lui nous sommes venus et vers Lui nous retournons, sans distinction de race, de rang social ou de confession religieuse.

Notre éminent frère en Dieu, Mgr Berlier, évêque de Niamey, m'a invité à venir assister à la vénérable session de la commission épiscopale des relations avec l'Islam.

Je suis un homme de dialogue religieux, comme d'autres sont hommes de dialogue en d'autres domaines. Si l'aimable et très œcuménique invitation de Mgr Berlier m'honore, si mon désir de voir un dialogue s'instaurer entre croyants me commande d'accepter l'invitation, ce n'est pas sans appréhension que je prends la parole pour tenter de présenter Jésus selon l'enseignement islamique.

Demander à un musulman quelque peu averti de parler de Jésus-Christ, c'est ni plus ni moins l'inviter à traiter de l'un des plus grands mystères de la manifestation divine.

Vouloir décrire Jésus, l'Oint* (littéralement *Masîh*), l'agréé de Dieu, c'est vouloir décrire un océan aussi vaste que l'amplitude même des cieux, c'est vouloir inventorier, déterminer et expliquer tout ce qui naît et se trouve dans cet océan, depuis l'algue sans racine jusqu'à l'énorme baleine.

Néanmoins, je vais oser, comptant sur Dieu et sur votre indulgence. Je me poserai avant tout quelques questions brûlantes :
- Jésus a-t-il vraiment existé ?
- Si oui, qui était-il ?

• Etait-il un homme, un homme-Dieu ou Dieu lui-même ?

• Qui a raison ? Qui a tort ? Ceux qui considèrent Jésus comme un homme, ceux pour qui Jésus est « homme-Dieu », ou ceux qui le veulent Dieu lui-même ?

La réponse n'est pas facile, car, à travers le temps et l'espace, il y eut bien des gens pour soutenir les trois propositions. Durant des siècles, les antagonistes se combattirent à ce sujet. Ils firent couler beaucoup d'encre et, parfois, beaucoup de sang. Ils continuent, de nos jours encore, à verser beaucoup d'encres de toutes les couleurs, avec très mauvaise humeur, voire avec haine. Ils demeurent inébranlables sur ce qu'ils considèrent être « la Vérité » en dehors de laquelle on ne peut trouver une autre Vérité.

C'est là une conjoncture douloureuse, mais elle résulte d'une caractéristique du tempérament humain, caractéristique courante et permanente que nous avons héritée de nos pères et que nous transmettrons, hélas !, consciemment ou inconsciemment, à nos enfants. Le mal est en nous et non en Dieu.

Et pourtant, par un temps comme le nôtre, à la

fois difficile, pénible, déroutant mais exaltant, un temps où la contrainte religieuse a cessé d'être une loi officielle absolue et acceptée, un temps où l'ancienne société est contestée et où la nouvelle se cherche à travers un chaos de contestations s'accompagnant, hélas, d'une explosion de libertinage et de délinquance, n'est-il pas indiqué à tous ceux qui ne désespèrent ni de Dieu ni des hommes de surmonter leurs anciennes querelles de clocher, leur chauvinisme confessionnel, leurs options politiques, et de s'unir dans l'intérêt général de la cause du parti de Dieu ?

Le différend doit être déplacé et ramené au niveau de deux camps : celui des « Oui à Dieu » et celui des « Non à Dieu ».

Frères de toutes les Églises, de tous les pays et de toutes les ethnies, unissons nos forces afin d'œuvrer à la construction d'un barrage qui endiguera la négation de l'existence de Dieu. C'est une condition de la survie des religions et, notamment, des trois grands monothéismes sémitiques : Judaïsme, Christianisme et Islam, auxquels nous appartenons.

C'est par notre commune entente, étayée par une volonté de convergence, que nous prouverons aux contestateurs que, contrairement à leur allégation irrévérencieuse, « Dieu n'est pas mort » et qu'il ne mourra pas. Une telle démarche doit être notre croisade, notre nouvelle guerre sainte[1].

Votre initiative, mes frères, laisse augurer que les croyants en Dieu de tous les horizons vont de plus en plus, la main dans la main, avec dans le cœur un même idéal, travailler à la gloire de Dieu.

Je rendrai un hommage pieux à la sainte Église de Jésus-Christ à travers ses deux très éminents et très saints fils : Jean XXIII et Paul VI, deux hommes de dialogue, deux vaillants guerriers contre le séparatisme outrancier et l'obscurantisme borné. Ils ont fait faire à l'Église catholique un grand pas vers la sainte retrouvaille des frères divisés.

J'espère, je souhaite, que les grands dirigeants de l'Islam de tous les pays, de tous les rites et de tous les ordres répondront à l'appel à la réconciliation que font retentir les puissantes cloches de l'Église du Christ.

---

1. [Rappelons que ces paroles ont été prononcées en 1975, à une époque où le communisme, alors encore puissance mondiale incontestable, exerçait une certaine influence en Afrique et y était souvent considéré comme le parti des « négateurs de Dieu »....]

Jésus vu par un musulman

J'espère que chaque dirigeant musulman méditera davantage le verset 46 de la sourate XXIX qui trace aux musulmans la voie du dialogue, et que voici :

> *Avec les juifs et les chrétiens*
> *ne discutez que de la manière la plus affable,*
> *sauf quand il s'agit de ceux qui, parmi eux,*
> *commettent des injustices.*
> *Dites (leur) :*
> *« Nous croyons en ce qui nous a été révélé*
> *et en ce qui vous a été révélé.*
> *Notre Dieu et le vôtre est le même Dieu*
> *et nous Lui sommes soumis[1]. »*

Mais revenons à notre sujet. En ce qui me concerne – et je dois cet état d'esprit à mon maître Tierno Bokar, de Bandiagara –, quoi qu'on veuille que Jésus soit, l'essentiel est qu'il ait effectivement existé. Or, ce fait est hors de doute car il fut historiquement prouvé et divinement attesté[2]. Cela me suffit et me dispense de m'engager dans

1. Traduction du cheikh Si Hamza Boubakeur (ancien recteur de l'Institut musulman de la Mosquée de Paris), *Le Coran*, Fayard, Paris, 1979.
2. [Sous-entendu : dans la révélation coranique.]

les labyrinthes d'une polémique qui, au demeurant, a comporté plus d'épines que de fleurs, sans pour autant avoir jamais apporté une solution efficace au problème posé.

Jésus-Christ et sa mère constituent incontestablement un grand mystère de la manifestation divine. Or, un mystère expliqué cesse d'être secret. Il perd sa valeur sacrée, seule force capable de maintenir l'homme à sa dimension humaine en le subjuguant par une vertu cachée dont il suit les effets sans pouvoir déceler ni le comment ni le pourquoi.

Pour quelle raison ai-je dit plus haut que vouloir parler de Jésus, c'est tenter une entreprise surhumaine ? Parce que Jésus, selon les initiés musulmans qui ont bu le vin de l'amour et de la science, est à la mesure de l'Immensité de l'Esprit de Dieu *(Rûh-Allâh)*[1] dont il est la manifestation humaine accomplie par le truchement mystérieux d'une immaculée conception.

---

1. Entre autres qualificatifs, Jésus est appelé dans le Coran « un Esprit émanant de Dieu » et, dans les *hadith* (paroles) du Prophète Mohammad, « Esprit de Dieu » *(Rûh Allâhi)* (Recueil de Bokhari).

Marie, mère de Jésus

« Tant vaut la matrice, tant vaudra le bijou qui y sera coulé », dit l'adage. Aussi me paraît-il indispensable de parler de sainte Marie avant de présenter son fils.

Sainte Marie est appelée par Tierno Bokar, en langue peule : *Rannga nyaayre Allaah,* soit : « Matrice du bijou divin ».

Sans vouloir rapporter ici, ce qui serait trop long et hors du sujet, les fruits de notre longue méditation sur les trente-deux versets fondamentaux du Coran qui ont mentionné Maryam (littéralement « la pieuse »), rappelons que, d'après le Coran, Marie était généalogiquement issue de la plus illustre famille sémite : la famille d'Imran, qui remonte jusqu'à Abraham.

Elle fut bénie et consacrée à Dieu avant même d'avoir été conçue. Une fois conçue, elle fut à nouveau consacrée à Dieu par sa mère en ces termes :

La femme de 'Imran dit :
« Mon Seigneur !
Je Te consacre ce qui est dans mon sein.
Accepte-le de ma part.
Tu es, en vérité, Celui qui entend et qui sait. »
(Coran, sourate III, verset 35[1])

Qu'est-ce qui avait pu inspirer à la mère de Marie de consacrer sa fille à Dieu par avance ? Ce sont la pitié et la piété, s'exprimant à travers l'amour maternel.

La tradition musulmane rapporte en effet qu'un jour la mère et le père de Marie, alors qu'ils étaient bien avancés en âge sans que Dieu ait daigné bénir leur union par la venue d'un enfant, assistèrent à une scène qui les toucha profondément.

Ils aperçurent, dans les branches d'un arbre, un oiseau qui nourrissait ses poussins par de tendres becquées. Une chaleur d'amour maternel et de piété monta du cœur au cerveau de celle qui devait devenir la mère de Marie. Sur le coup, en dépit de son âge, elle souhaita engendrer un enfant qu'elle aimerait de tout son cœur, mais qu'elle consacrerait pieusement à Dieu.

---

1. Traduction D. Masson, *Le Coran*, Bibliothèque de la Pléiade, Éditions Gallimard, Paris, 1967.

Elle fut miraculeusement exaucée, et c'est ainsi qu'elle engendra Marie, qui engendra Jésus.

Quand Marie vint au monde, sa mère fut quelque peu désappointée car la loi juive refusait aux femmes l'honneur de servir Dieu. Bravant la coutume, elle offrit sa fille à Dieu, ainsi que le rapporte le Coran :

> *Après avoir mis sa fille au monde, elle dit :*
> *« Mon Seigneur ! J'ai mis au monde une fille. »*
> *– Dieu savait ce qu'elle avait enfanté,*
> *un garçon n'est pas semblable à une fille –*
> *« Je l'appelle Marie,*
> *je les mets sous ta protection,*
> *elle et sa descendance,*
> *contre Satan, le Réprouvé. »*
> *Son Seigneur accueillit la petite fille*
> *en lui faisant une belle réception.*
> *Il la fit croître d'une belle croissance*
> *et Il la confia à Zacharie.*
> *Chaque fois que Zacharie*
> *allait la voir dans le Temple,*
> *il trouvait auprès d'elle la nourriture nécessaire*
> *et il lui demandait :*
> *« Ô Marie ! D'où cela te vient-il ? »*
> *Elle répondait :*
> *« Cela vient de Dieu :*
> *Dieu donne sans compter*
> *sa subsistance à qui Il veut. »* (III, 36-37[1])

---

1. Traduction D. Masson, *Le Coran, op. cit.*

Comme on le constate, selon l'écriture sainte musulmane Marie fut acceptée par Dieu. De très bonne heure elle se retira dans le sanctuaire où elle célébrait Dieu, et Dieu l'y entretenait avec une nourriture céleste spéciale.

Marie grandit entre les murs du lieu saint. Quand Dieu jugea le moment venu, Il lui envoya un archange, *Er-Rûh*[1] (littéralement : « l'Esprit ») pour lui annoncer qu'elle avait été choisie entre toutes les femmes pour porter, dans ses entrailles, l'Esprit de Dieu. En voici le récit dans le Coran :

Les anges[2] dirent : « Ô Marie !
Dieu t'a choisie, en vérité ;
il t'a purifiée ; Il t'a choisie de préférence
à toutes les femmes de l'univers. »
(III, 42)
[...]
Les anges dirent : « Ô Marie !
Dieu t'annonce la bonne nouvelle
d'un Verbe[3] émanant de Lui.
Son nom est : le Messie, Jésus, fils de Marie,
illustre en ce monde et dans la vie future.
Il est au nombre de ceux qui sont proches de Dieu.

1. Prononcer « *Er-Rouh* ».
2. « Les anges » : appellation coranique de l'archange Gabriel.
3. Littéralement *kalimat* : « parole ».

> *Dès le berceau,*
> *il parlera aux hommes comme un vieillard,*
> *il sera au nombre des justes.* » (III, 45-46[1])

Marie était vierge. Quelle ne fut pas sa surprise d'apprendre qu'elle allait être mère ! Elle s'exclama :

> « *Mon Seigneur ! Comment aurais-je un fils ?*
> *Nul homme ne m'a jamais touchée.* »
> *Il dit :*
> « *Dieu crée ainsi ce qu'Il veut :*
> *lorsqu'Il a décrété une chose,*
> *Il lui dit : " Sois ! "... et elle est[2]* ». (III, 47[3])

L'éminent exégète* coranique Râzi a dit que le sens du nom arabe Maryam (Marie) signifie « pieuse ».

On peut donc dire que l'Esprit de Dieu, qui s'incarnera en Jésus-Christ (ou Jésus le Messie, Jésus l'Oint), a choisi en Marie un corps saint, qui demeurait dans un lieu également saint où elle adorait Dieu et vivait de nourritures célestes, donc saintes.

1. Traduction D. Masson, *Le Coran, op. cit.*
2. Littéralement : « et c'est ».
3. Traduction D. Masson, *Le Coran, op. cit.*

L'action du souffle de Dieu descendant dans la Vierge sainte de corps et d'esprit pour y insuffler « un Verbe émanant de Lui » sera connue sous le nom d'Annonciation.

Durant de très longues années, j'ai médité sur le mystère de l'Annonciation grâce aux leçons d'arithmologie* qui m'ont été dispensées par Tierno Bokar, mon Maître. Dieu voulant et aidant, j'ai découvert des secrets qu'il serait inconvenant de faire entendre inconsidérément. Il y faut des oreilles bien curées et des âmes non sceptiques. Les vôtres sont tout indiquées, mais le temps presse.

Dieu ayant, dans le Coran, juré par les nombres, Tierno Bokar en avait déduit que les nombres sont des clés permettant de pénétrer les mystères et les secrets des lois qui régissent le cosmos et son harmonie grandiose.

Il affirmait en outre que la science des nombres permettait d'interpréter aussi bien le sacré que le profane « sacralisé ». Il entendait par « sacré » les paroles célestes révélées, et par « sacralisé » les langues profanes utilisées par les peuples pour traduire et enseigner le « sacré ». La traduction en langue française du *Pater* est un exemple de cette sacralisation.

Revenons à Marie...

Malgré les miracles et les merveilles qui précédèrent et suivirent sa naissance, malgré sa conduite irréprochable et sa piété, des ennemis inventèrent contre elle un mensonge atroce. On la traita outrageusement.

Au lieu de se laisser abattre, Marie se couvrit d'un voile qui la déroba aux regards des méchants.

Dieu avait ainsi prononcé son arrêt, décidé par Lui dans Sa volonté et Sa prescience. Marie mit Jésus au monde.

Jésus, le Messie

Qui est Jésus, le Messie, l'Oint de Dieu ?

Il ne sied pas de vouloir pénétrer son Essence*. Elle est celle du Verbe et du Souffle de Dieu, par conséquent insaisissable et inexplicable.

En tant qu'homme, Jésus est celui qui, enfant au berceau, parla aux contestateurs de sa Mère – et par voie de conséquence contestateurs de la Puissance de Dieu.

Permettez-moi une courte digression démonstrative portant, d'une part, sur l'Annonciation et la naissance de Jésus, et, d'autre part, sur la conception et la naissance de Mahomet.

C'est un 25 mars[1] que l'archange Gabriel vint annoncer à la sainte Vierge que le Seigneur l'avait bénie et élue pour être mère de Jésus. Les quantièmes* de la première semaine de la conception de Jésus sont donc les suivants :

25 – 26 – 27 – 28 – 29 – 30 – 31 mars.

Les quantièmes de la première semaine qui suivit la nativité du Messie – qui eut lieu un 25 décembre[2] – sont, eux, les suivants :

25 – 26 – 27 – 28 – 29 – 30 – 31 décembre.

Les deux séries permettent de construire un schéma numéral qui, par addition de ses éléments disposés d'une manière spéciale (semaine précédant la naissance inscrite de façon inversée[3]), donne partout pour résultat le nombre 56 :

1. Soit neuf mois avant la date traditionnelle de naissance.
2. Dans la datation traditionnelle, en Afrique comme en Islam et en Orient, la nuit fait partie du jour qui la suit et non du jour qui la précède – car toute chose commence par exister dans le secret et l'obscurité avant d'apparaître au grand jour.
3. La semaine qui a précédé la naissance est ici l'écho symétrique inversé de la semaine qui a suivi la conception.

$$25 - 26 - 27 - 28 - 29 - 30 - 31$$
$$\underline{31 - 30 - 29 - 28 - 27 - 26 - 25}$$
$$56 \quad 56 \quad 56 \quad 56 \quad 56 \quad 56 \quad 56$$

Le nombre 56 apparaît ici comme un arcane* majeur, dont le nombre clé est 11 (5+6). Or, la graphie numérale « 11 » est l'allégorie de la force. C'est l'image de la créature, symbolisée par l'homme que Dieu créa à son image mais qui porte en lui le germe du péché et de la révolte, en face de son Créateur.

Onze représente par ailleurs le nombre des degrés de la marche dite « de Dieu à Dieu ». Il régit tous les mondes, et sur tous les plans. Il est l'Unité absolue et son reflet cosmique[1].

Comme tous les nombres, il comporte à la fois un aspect faste* et un aspect néfaste* – ou, pour parler le langage de la tradition africaine, un aspect diurne* et un aspect nocturne*. Il est la fourche où la route vers l'Unité se divise en bien

---

1. [Dans un manuscrit encore inédit, A.H.Bâ fait observer que la somme des nombres internes composant le nombre 11 (1+2+3+...+11) a pour total 66, qui est précisément la valeur numérale des lettres arabes composant le nom Allâh. Selon cette perspective spirituelle islamique, Dieu (Allâh) est donc la Puissance secrète œuvrant directement au cœur du 11.

et en mal, tout en conservant la même force initiale.

J'ignore ce que vaut numéralement le nom « Jésus » en grec ou en araméen. Mais en français, ce nom, calculé selon le système numéral enseigné par Tierno Bokar[1], vaut précisément onze, par addition de la valeur de ses lettres :

$$1 + 5 + 1 + 3 + 1 = 11$$

Mon maître Tierno Bokar tenait grand compte des langues consacrées par le consensus populaire, et en raison de ce que Rome a déclaré de la France, nous avons particulièrement étudié sous cet angle le français, langue de la « première fille de l'Église[2] ».

Quant à Mahomet, il fut conçu le quinzième jour du septième mois lunaire, appelé *Radjab*. Il naquit le douzième jour du troisième mois

1. Selon ce système, pour les langues « sacralisées » ou « consacrées », les neuf premières lettres de l'alphabet correspondent aux neuf premiers nombres, les neuf lettres suivantes également, et ainsi de suite.
2. [Les Africains ne disent pas « fils aîné », mais « premier fils » ou « première fille »...]

lunaire, appelé *Rabi'u-awwal*. Le schéma numéral de sa nativité se dresse comme suit :

15 – 16 – 17 – 18 – 19 – 20 – 21 Radjab
18 – 17 – 16 – 15 – 14 – 13 – 12 Rabi'u-awwal
33   33   33   33   33   33   33

Le nombre 33 jouera un rôle essentiel dans la tradition mystique musulmane, en tant que nombre arcane.

Vous voudrez bien m'excuser de vous avoir entraînés dans un domaine qui pourrait être scientifiquement contesté. Mais, Dieu merci, aucune contestation scientifique n'est parvenue et ne parviendra à détruire le mystère divin.

Ce dont la science est capable, c'est de découvrir la composition et l'agencement de l'œuvre de Dieu. Elle peut imiter cette œuvre et, parfois, la perturber inconséquemment, aux dépens de la vie de l'humanité. Quant à la connaissance de l'Essence*, comme de la création de la vie, elle restera l'apanage de Dieu. Et c'est cette vertu-force mystérieuse qui permet à Dieu de dominer l'homme et de lui imposer Sa volonté.

Je ne commettrai pas l'erreur de vouloir reconstituer la biographie de Jésus. De tous temps, ceux qui voulurent utiliser leur science humaine pour étudier et situer Jésus se sont heurtés à une muraille d'airain infranchissable. En effet, ni la science physique, mère de la dynamite, ni la raison humaine, mère de la linguistique, génératrice du « beau parler », n'ont pu forcer les portes closes des secrets sublimes. Or, l'existence et la vie terrestre de Jésus, auxquelles 74 versets essentiels du Coran sont consacrés, en font partie.

Ecoutons quelques-uns de ces versets :

> *Nous avons, en vérité, donné le Livre à Moïse,*
> *et nous avons envoyé des prophètes après lui.*
> *Nous avons accordé des preuves incontestables*
> *à Jésus, fils de Marie,*
> *et nous l'avons fortifié par l'Esprit de Sainteté.*
> *Chaque fois qu'un prophète est venu à vous*
> *en apportant ce que vous ne vouliez pas,*
> *vous vous êtes enorgueillis ;*
> *vous avez traité plusieurs d'entre eux de menteurs*
> *et vous en avez tué quelques autres. (II, 87[1])*

Rappelons les paroles de Jésus enfant, évoquées plus haut :

---

1. Traduction D. Masson, *Le Coran, op. cit.*

Jésus vu par un musulman

Je suis, en vérité, le serviteur de Dieu.
Il m'a donné le Livre ;
Il a fait de moi un Prophète.
Il m'a béni, où que je sois... (XIX, 30[1])

Me voici,
confirmant ce qui existait avant moi de la Tora
et déclarant licite pour vous
une partie de ce qui vous était interdit.
Je suis venu à vous avec un Signe de votre Seigneur ;
Servez-le[2] : c'est là le chemin droit. (III, 50-51[3])

Oui, le Messie, Jésus, fils de Marie,
est le Prophète de Dieu[4],
Sa Parole qu'il a jetée en Marie,
un Esprit émanant de lui. (IV, 171[5])

Jésus est donc l'Esprit de Dieu. Il est le Messie venu et dont la tradition musulmane enseigne qu'il doit revenir à la fin des temps, comme signe de l'« approche de l'Heure ».

L'Islam compte 124 000 Prophètes dont 313 sont qualifiés de « Prophètes-Envoyés ». Ils constituent le collège divin sur la terre. Vingt-cinq parmi eux sont nommément cités dans le Coran.

1. Traduction D. Masson, *Le Coran, op. cit.*
2. « Servez-le » signifie aussi littéralement « adorez-le ».
3. Traduction D. Masson, *Le Coran, op. cit.*
4. Littéralement : « L'Envoyé de Dieu ».
5. Traduction D. Masson, *Le Coran, op. cit.*

Ces vingt-cinq grands Envoyés sont classés en quatre groupes : onze constituent le premier groupe, sept constituent le deuxième, et quatre le troisième. Quant au quatrième groupe, composé de Moïse, Jésus et Mahomet, il constitue la base du monothéisme sémitique. Ses membres sont considérés comme les plus élevés dans la hiérarchie de la communion avec l'unité de Dieu. C'est dire sur quel plan l'Islam situe Jésus-Christ.

Il est d'ailleurs canoniquement interdit à tout musulman de proférer à l'adresse de Jésus des paroles qu'il ne siérait pas d'adresser à Mahomet. Tout manquement à Jésus doit être puni au même titre qu'un blasphème contre Mahomet lui-même. Il ne fait pas de doute, en Islam, que celui qui blasphème contre Jésus est promis à l'enfer.

En plusieurs endroits du Coran, Dieu réprouve qu'on le sépare de ses Envoyés et réprouve également de séparer les Envoyés entre eux :

> *Dites :*
> *« Nous croyons en Dieu,*
> *à ce qui nous a été révélé,*
> *à ce qui a été révélé*
> *à Abraham, à Ismaël, à Isaac,*
> *à Jacob et aux (douze) tribus,*
> *à ce qui a été donné à Moïse et à Jésus,*

> *à ce qui a été donné aux prophètes*
> *de la part de leur Seigneur.*
> *Nous n'avons de préférence*
> *pour aucun d'entre eux*[1].
> *Nous sommes soumis à Dieu*[2]. » (II, 136[3])

Dieu a échelonné ses Envoyés dans le temps afin qu'ils puissent se confirmer mutuellement, le message annoncé étant toujours le même, bien que revêtant inévitablement des couleurs différentes. Il en est comme d'une lumière blanche qui, passant à travers un prisme, se réfracte en diverses couleurs, bien que ce soit toujours la même lumière.

Tierno Bokar n'a cessé, toute sa vie, de me recommander la méditation et la pratique effective du verset 285 de la sourate II, que voici :

> *Le Prophète a cru*
> *à ce qui est descendu sur lui*
> *de la part de son Seigneur.*

---

1. Littéralement : « N'établissez pas de différences entre eux. »
2. Le mot arabe pour « soumis à Dieu » est *muslimin* (prononcer *mouslimine*), transformé en « musulman » dans la prononciation française. « Islam », mot de même racine, signifie lui-même « soumission à Dieu ».
3. Traduction D. Masson, *Le Coran, op. cit.*

Conférence de Niamey

Lui et les croyants, tous ont cru en Dieu,
en Ses anges, en Ses Livres et en Ses prophètes.
Nous ne faisons pas de différence entre ses prophètes.
Ils ont dit :
« Nous avons entendu et nous avons obéi. »
Ton pardon, notre Seigneur !
Vers toi est le retour final[1] *!*[2].

Pour l'Islam orthodoxe*, la place officielle de Jésus est triple. Est-ce pour être analogiquement conforme au secret de la triade* fondamentale, symbolisée graphiquement par la cinquième lettre de l'alphabet coranique (la lettre *ha* qui termine le nom *Allâh*), lettre qui, lorsqu'elle est stylisée, prend la forme d'un triangle parfait, tout comme le *delta* grec dans sa forme majuscule ?

Trois, triade, Trinité, Trimourti indienne, trois règles de la nature, trois parties du corps (tête, tronc, jambe), trois parties de chaque membre, trois phalanges pour chaque doigt (sauf le pouce), trois parties du temps (passé, présent, avenir), trois composantes de la cellule familiale, trois dimensions... etc. Quoi qu'il en soit, trois demeure le nombre du grand mystère.

1. Littéralement : « le devenir ».
2. Traduction D. Masson, *Le Coran, op. cit.*

Jésus vu par un musulman

La tradition musulmane divise la religion en trois degrés : Islâm, Imân et Ihsân. La loi orthodoxe *(sharia)* découle de trois sources : le Kitab (Livre, ou Coran), la Sounna (tradition du Prophète) et l'Idjmâ (consensus).

Pour la tradition musulmane, Jésus doit vivre sur terre, dans son corps physique, 66 années. Il en a déjà vécu 33, il doit donc revenir pour y vivre les 33 autres[1]. Sur ce point, nous différons de nos frères chrétiens. Pour nous, Jésus mourra, certes, mais il n'est pas encore mort.

Voici comment le Coran parle de la mort de Jésus :

> *Nous les avons punis*
> *parce qu'ils n'ont pas cru,*
> *parce qu'ils ont proféré*
> *une horrible calomnie contre Marie*
> *et parce qu'ils ont dit :*
> *« Oui, nous avons tué le Messie,*
> *Jésus, fils de Marie,*
> *le Prophète de Dieu. »*
> *Mais ils ne l'ont pas tué,*
> *ils ne l'ont pas crucifié,*
> *cela leur est seulement apparu ainsi*[2].

1. Il s'agit ici d'une tradition soufi. On trouve des chiffres différents dans d'autres écoles.
2. « Comme s'il en avait été ainsi. » L'expression coranique *shubbiha lahum* ne se prête pas facilement à une traduction pré-

Ceux qui sont en désaccord à son sujet
restent dans le doute ;
ils n'en ont pas une connaissance certaine,
ils ne suivent qu'une conjecture.
Ils ne l'ont pas tué, c'est certain,
mais Dieu l'a élevé vers Lui :
Dieu est puissant et juste. (IV, 156-158 [1])

Points de convergence entre musulmans et chrétiens

En vue d'une convergence fructueuse, je ne crois pas indiqué de continuer à épiloguer sur nos controverses, mais plutôt de prendre pour base les points sur lesquels nous sommes d'accord afin de partir ensemble vers la Vérité qui dépasse notre entendement actuel et individuel.

---

cise. Le cheikh Si Hamza Boubakeur traduit par « Ce n'était qu'un faux-semblant » et donne un essai de traduction littérale : « Il fut comparé, ou assimilé, pour eux. » Illusion ? Faux-semblant ? Sosie ? Les commentateurs sont partagés sur ce point, mais l'idée reste qu'« il leur a *semblé...* » crucifier Jésus.

1. Traduction D. Masson, *Le Coran, op. cit.*

Sur quels points sommes-nous, chrétiens et musulmans, d'accord ?

Nous le sommes sur l'existence de Dieu.

Nous sommes d'accord sur le fait que Jésus est l'Esprit de Dieu insufflé dans le sein d'une Vierge, devenue sa mère, sans déflorer sa virginité.

Nous sommes d'accord sur le fait que Jésus est monté au Ciel.

Nous sommes d'accord sur le fait qu'il reviendra sur terre avant la fin des temps.

Les musulmans attendent Jésus parce qu'il doit juger entre les croyants pour les mettre d'accord, et tous, finalement, croiront en lui.

Il est écrit :

> *Il n'y a personne, parmi les gens du Livre,*
> *qui ne croie en lui avant sa mort*
> *et il sera un témoin contre eux,*
> *le Jour de la Résurrection.* (IV, 159 [1])

Pour tout musulman avisé et instruit de sa religion, Jésus sera le Témoin final en qui tout le monde croira. La tradition met dans la bouche de Mahomet ces paroles : « Jésus gouvernera la fin

---

1. Traduction D. Masson, *Le Coran, op. cit.*

des temps. Je demande aux musulmans de lui faire des salutations révérencielles. »

Jésus sera l'indice de la fin des temps. Il brisera le croissant et la croix pour supprimer tout malentendu, toute haine et toute inimitié entre les adorateurs du Dieu unique. Il lèvera haut l'étendard de l'entente et nous serons tous autour de lui.

Jésus et l'arithmologie

Quand il n'y aura plus ni croix ni croissant, ceux qui confessent l'existence de Dieu formeront cette armée symbolique dénommée : « Soixante-dix mille hommes ». Celle-ci sera avec Jésus dans sa lutte contre l'Antéchrist.*

L'Antéchrist, dit la tradition musulmane, fondra comme du plomb sous le regard de Jésus, ou encore disparaîtra, s'évanouira, lorsque Jésus poussera un seul cri. Il faut comprendre par là que l'athéisme matérialiste se dissipera au contact de la réalité de la Parole véridique.

Quand les croyants n'auront plus de haine les

uns pour les autres dans leur cœur, alors le règne de la Vérité viendra, mais pas avant.

Selon l'enseignement islamique, la première vie terrestre de Jésus a comporté trois phases.

1° De un à onze ans : ce fut la phase ésotérique*, durant laquelle l'enfant Jésus resta en dehors de la vie publique. Il demeura en communion « terre-ciel » avec Dieu.

2° A douze ans, il rompit son silence par l'entretien célèbre qu'il eut avec les docteurs de la synagogue.

Cette douzième année est capitale. Elle marque le début de la vie publique de Jésus. De douze à trente ans, Jésus enseigna discrètement la loi qu'il avait reçue directement de Dieu et en secret.

Cette deuxième phase de la vie de Jésus correspond à la période de l'enseignement de la Voie. Cette période durera dix-huit ans.

3° C'est ensuite que surviendra la troisième phase cruciale de sa vie. Elle durera trois années durant lesquelles Jésus enseignera la Vérité « au nom du Père, et du Fils, et du Saint-Esprit, Amen ».

Cette formule, qui joue dans le Christianisme le rôle joué dans l'Islam par la formule *Bismillâhi er-rahmân er-rahîm* [1], a fait de ma part l'objet d'une longue étude sous la direction de Tierno Bokar. L'arithmologie me servit d'« instrument d'expertise ».

En langue française, cette formule chrétienne est composée de douze mots dont la valeur numérale totale [2] est 165. Or, ce nombre 165 correspond à la somme totale des valeurs secrètes, ou racines [3], des neuf nombres-mères (de un à neuf) qui symbolisent le cosmos*, et d'où tous les autres

---

1. « Au nom de Dieu, le Tout-Miséricorde, le Très Miséricordieux » (*Rahmân* étant en forme passive, *Rahîm* en forme active). On trouve aussi la traduction : « Le Clément, le Miséricordieux ». Cette formule, qui « ouvre » chaque sourate du Coran, est prononcée par les Musulmans pour consacrer chacun de leurs actes, des plus importants aux plus simples, tels, par exemple. prendre de la nourriture, entrer dans une maison ou commencer une action quelconque.

2. Par addition de la valeur de chaque lettre.

3. La « valeur secrète » ou « racine » d'un nombre est obtenue en additionnant ses composants internes. Ex. : la valeur secrète de 1 est 1 ; celle de 2 est 3 (1+2) ; celle de 3 est 6 (1+2+3) ; celle de 4 est 10 (1+2+3+4), etc. Si l'on totalise les « valeurs secrètes » des neuf premiers nombres, on obtient 165.

nombres sont sortis. On peut donc dire que la formule recèle en elle tous les secrets et les potentialités de l'univers.

Je fus personnellement frappé par le fait que la première formule de profession de foi musulmane : *Lâ ilâha ill'Allâh* (« Pas de dieu si ce n'est Dieu », ou « Il n'y a de dieu que Dieu ») est également composée, en arabe, de douze lettres et que la valeur totale de celles-ci est également 165. Cette formule, tant par sa signification que par son symbolisme numéral, est considérée par les musulmans comme contenant tous les secrets de l'univers et le mystère de l'unité de Dieu.

Le temps dont nous disposons ne permet pas un plus grand développement du sujet. Je dirai cependant quelques mots sur les nombres ordinaux qui marquent les trois dernières années de la présence de Jésus sur la terre, c'est-à-dire ses trente et unième, trente-deuxième et trente-troisième années.

Ces trois dernières années représentèrent une intense période d'enseignement et d'initiation. C'est durant cette époque que Jésus dévoila les grands secrets à douze adeptes, dont onze deviendront les grands apôtres restés purs. Il enseigna l'humilité et comment célébrer la prière pour se réaliser en Dieu.

Les nombres de ces trois années, totalisés, donnent 96. Or, si l'on additionne ce nombre avec sa forme inversée (96 + 69) pour obtenir ce qu'on appelle sa « Lumière », on trouve à nouveau 165, ce nombre fondamental dont il vient d'être question.

Sous le secret du nombre 31, Jésus mit ses adeptes en rapport avec l'organisation cosmique. Il leur enseigna la loi naturelle créée par Dieu pour maintenir l'Univers.

Sous la puissance du nombre 32, Jésus enseigna le secret des formes des créatures et comment faire pour se libérer des passions.

Enfin, la dernière année de la première manifestation terrestre de Jésus est scellée par le nombre 33 qui, en Islam comme en tradition africaine, est un symbole de totalité et de complétude.

Avant Jésus, ce nombre avait scellé la vie du dieu hindou Krishna et de Bouddha*. L'Inde védantiste connaît trente-trois divinités divisées en trois groupes de onze. Les livres zends mentionnent trente-trois dieux atmosphériques. Et ce sont trente-trois maîtres qui répandirent le Bouddhisme.

Le corps de l'homme, considéré comme un sanctuaire et comme le temple de Dieu, repose sur un axe central composé de trente-trois vertèbres (en incluant les vertèbres sacrées soudées).

Jadis, quand les médecins auscultaient encore avec l'oreille, ils ne disaient pas au malade de réciter une formule quelconque, mais de prononcer le nombre « trente-trois » – car jamais le sens symbolique de trente-trois ne revêt une acception défavorable...

Les musulmans du rite Maliki*, après chacune des cinq prières de la journée, récitent, à la gloire de Dieu, trente-trois fois chacune des trois invocations appelées *Bâqiyat-es-sâlihat*[1].

Excellences,
Révérends pères et Révérendes mères,
Chers frères et sœurs,
J'ai maladroitement et très insuffisamment esquissé pour vous l'immense personnalité de Jésus-Christ, ce que fut son œuvre première et

1. « Saint soit Dieu » ou « Gloire à Dieu » *(subhanallâh)*, « Louange à Dieu » *(el-Hamdulillâh)* et « Dieu est le plus grand » *(Allâhou akbâr)*.

quelle sera son œuvre dernière avant la fin des temps, d'après l'enseignement des docteurs et initiés musulmans.

Mais je voudrais encore attirer votre attention sur le rapport mystérieux qui apparaît entre le nom coranique de Jésus et celui dont Dieu s'est servi pour se nommer lui-même, dans la révélation coranique.

Jésus est appelé, dans le Coran : *El masîh 'Isa ibn Maryam* : « Le Messie, Jésus, fils de Marie ». Et Dieu s'est appelé lui-même « Allâh ».

La valeur numérale du nom coranique complet de Jésus et 1122.

La valeur numérale du nom dont Dieu s'est désigné, Allâh, est 66. Or, la « valeur secrète », ou somme mystique, du nombre 66 (telle qu'elle a été indiquée précédemment), obtenue par addition des éléments internes de chaque nombre de 1 à 66, est 2211.

Comme on le constate facilement, 1122, c'est 2211 inversé ; c'est en quelque sorte son reflet. Il y a donc un rapport occulte entre le nom de Dieu dans le Coran et le nom coranique de Jésus. (Ajoutons que 1122 additionné à 2211 donne

3333, ce qui nous ramène au symbolisme du nombre 33 évoqué plus haut, sans parler du fait que deux fois 33 égale 66, soit la valeur du nom de Dieu Allâh.)

Celui qui est éclairé par ce secret cesse d'être étonné lorsqu'il entend dire que Jésus participe, d'une certaine manière, à l'Essence de l'Être divin. Le Verbe et l'Esprit d'un être ne font-ils pas nécessairement partie de lui ? Or les deux qualificatifs : « Verbe de Dieu » et « Esprit de Dieu » ont été attribués au fils de la Sainte Vierge Marie par le Coran lui-même, ainsi qu'il a été indiqué plus haut.

La méditation sur le nombre 2211 et son anagramme 1122, obtenus tous deux à partir des deux noms servant à désigner Dieu et Jésus dans le Coran, disposa mon entendement intérieur. Je pus, sans mal, sans préjugé ni peur, me mettre à l'écoute de la voie chrétienne et apprécier, par exemple, la profondeur de l'Évangile selon saint Jean, notamment dans les trois premiers versets de son prologue :

> *Au commencement était le Verbe,*
> *et le Verbe était avec Dieu,*
> *et le Verbe était Dieu.*

Conférence de Niamey

Il était au commencement avec Dieu.
Tout fut par lui
et sans lui rien ne fut.

Voilà, assurément, un langage à faire crier profanes et négateurs à l'obscurantisme et à l'inintelligence, donc au non-sens. Rien d'étonnant en cela car il y a toujours des yeux pour ne voir que nuages et obscurité là où, heureusement, d'autres yeux perçoivent lumière sur lumière[1], tout comme par un beau jour d'été.

La science des nombres, ou arithmologie, a guidé ma recherche. Tel un phare, elle éclaire la route de ceux qui s'acheminent vers Dieu par la voie de l'amour, de la charité et de la piété.

L'arithmologie islamique tire sa source de versets coraniques. L'une de ses principales bases dérive des versets 1, 2 et 3 de la sourate 89, où Dieu jure par les nombres :

Par l'aube !
Par les dix nuits !
Par le pair et l'impair ![2]

1. Expression coranique figurant dans le « Verset de la Lumière » : sourate XXIV, verset 35.
2. Traduction D. Masson, *Le Coran, op. cit.*

Dieu attire ainsi notre attention sur les vertus particulières qu'Il lui a plu de sceller dans cette science aujourd'hui à moitié abandonnée.

Les mathématiques ordinaires représentent la forme laïque, exotérique et donc matérialiste de la science des nombres. Les merveilleuses découvertes et performances physiques opérées grâce aux mathématiques sont un signe extérieur de la puissance latente des nombres.

Tierno Bokar, de Bandiagara, avait longuement médité ces trois versets. Il finit par en extraire un schéma géométrique, que j'ai baptisé l'« ennéagramme de Tierno », et dont voici la figure :

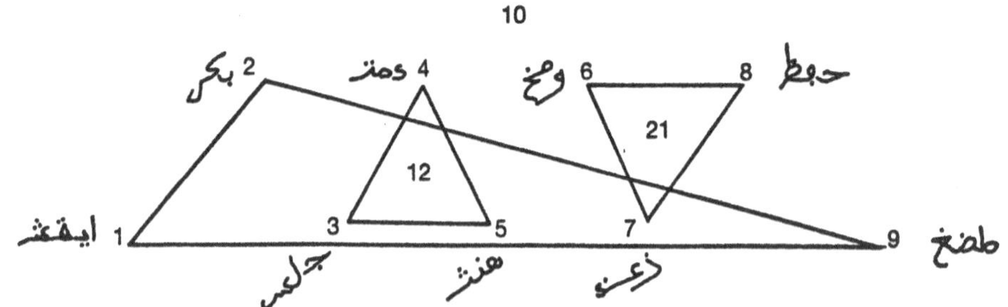

Les nombres sont placés dans l'ordre où ils sont cités dans les versets. Le 10 est au sommet. Au-dessous viennent les nombres pairs et, dans une ligne inférieure, les nombres impairs.

La figure est constituée de trois triangles. Un grand triangle relie les nombres les plus extrêmes des deux lignes : le 1, le 2 et le 9 (total 12). Un petit triangle équilatéral relie les chiffres 3, 4 et 5 (total 12), et un autre petit triangle équilatéral relie les chiffres 6, 7 et 8 (total 21)[1].

Les 28 lettres de l'alphabet coranique, placées dans un ordre spécial, se trouvent affectées aux neuf nombres-mères qui leur correspondent et auxquels se ramène, par addition de ses éléments, n'importe quel nombre composé de plus d'un élément :

Ex. : 1272 = 3 (1 + 2 + 7 + 2 = 12, puis 1 + 2 = 3)

Le grand triangle circonscrit l'un des deux triangles équilatéraux, celui dont les sommets additionnés donnent 12, tandis que le deuxième triangle équilatéral, dont les sommets additionnés

---

1. Le total des trois triangles donne 45, qui est la somme des neuf premiers nombres, ou « nombres-mères », ainsi nommés parce que de leur combinaison (plus le zéro) sont sortis tous les autres nombres, à l'infini. Or, 45 est également la valeur numérale des lettres du nom coranique d'Adam *(Adama)*, l'Homme primordial, source de la postérité humaine.

donnent 21, est situé en dehors du grand triangle. La somme totale de ces deux triangles équilatéraux donne 33.

Nous débouchons ainsi à nouveau sur cet arcane majeur du mystère cosmique en tant que reflet de l'existence de Dieu et de l'existence des êtres contingents* dans le nom et les attributs de Dieu.

Le nombre 33 scelle bien des mystères religieux, scientifiques et historiques, parce qu'il est l'expression numérale de l'harmonie totale. Comme nous l'avons vu précédemment, Bouddha et Jésus vécurent chacun trente-trois ans, de même, dit-on, qu'Alexandre le Grand.

La théologie musulmane enseigne trente-trois attributs nécessaires à Dieu et trente-trois qui lui sont impossibles.

L'ablution* musulmane, dont l'accomplissement, avec intention, met en état de pureté rituelle pour accomplir la prière canonique, consiste en trente-trois gestes :

Mains : lavage des deux ensemble, 3 fois 3
Bouche : aspiration de l'eau pour se rincer
  la bouche, plus rejet de l'eau = 2, le tout 3 fois 6
Nez : aspiration et rejet de l'eau = 2, à faire 3 fois 6

Visage : lavage du visage avec les mains, 3 fois 3
Avant-bras : lavage de chaque avant-bras, 3 fois 6
Tête : passage des mains mouillées sur les cheveux,
    1 fois 1
Oreilles : lavage de chaque oreille 2
Pieds : lavage de chaque pied, 3 fois 6
                                             33

En outre, comme nous l'avons déjà dit, le fidèle doit réciter, après chacune des cinq prières journalières canoniques, trente-trois fois les trois invocations dites *Bâqiyat es-sâlihat*.

Par ailleurs, 33 représente 11 multiplié par 3, d'où son importance capitale, car 11, nous l'avons vu, symbolise l'Homme-Un (créature que Dieu affirme avoir faite à Son image et instaurée sur terre comme Son représentant) en face de Dieu-Un, son Créateur-incréé ; le tout étant multiplié, ou plutôt polarisé par 3, signe de mouvement, de vie, et emblème de bien grands mystères, dont la sainte Trinité, les triades* traditionnelles et autres symboles sont des modes différents d'expression.

Transformé en lettres coraniques, le nombre 33 devient *djim* (valeur 3) et *lam* (valeur 30), qui donnent le nom *Djalla.* Ce nom, qui accompagne traditionnellement le nom « Allâh » avec lequel il sonne fort et bien, affirme et célèbre l'éclat de la gloire et de la majesté divines, sa racine comportant le sens de tout ce qui est élevé, sublime, grand et majestueux.

Un coup d'œil curieux dans les « jardins d'à côté » m'a permis de découvrir que Rose-Croix et Francs-maçons répartissent leur enseignement et leur hiérarchie en trente-trois degrés considérés comme des grades qu'il faut mériter.

Dans beaucoup d'initiations traditionnelles de l'Ouest africain, le « maître du couteau », ou maître initié, demande une cotisation, ou un sacrifice, de trente-trois éléments. Cela peut aller de trente-trois cauris (petits coquillages servant jadis de monnaie) jusqu'à trente-trois bœufs.

Le corps humain, comme nous l'avons vu, repose sur une poutre centrale composée de trente-trois vertèbres. Ajoutons qu'en tradition africaine l'enfant doit rester attaché à sa mère pendant trente-trois mois : les neuf mois de la gestation, plus vingt-quatre mois d'allaitement. Il est censé recevoir, pendant cette période, à travers le corps et le lait de sa maman, sa pleine nourriture de « Miséricorde divine », laquelle lui permet d'édifier harmonieusement son axe intérieur, tant physique que psychique.

Mais il va falloir que j'abandonne une liste qui est loin d'être épuisée, car il faut bien s'arrêter.

Amour et charité

Je vais néanmoins abuser de votre patience et vous confier encore une anecdote. Elle peut constituer un message pour tous les hommes de bonne volonté, où qu'ils se trouvent dans le monde.

Cette anecdote, je vais d'ailleurs vous la « revendre », car elle n'est pas de moi à franchement parler. Elle est de mon ami Félix Houphouët-Boigny, traditionaliste* baoulé éminent, né à Yamoussoukro, en Côte-d'Ivoire.

Chaque fois que le chef d'État Félix Houphouët-Boigny libère le traditionaliste Félix Houphouët-Boigny et que je suis à sa portée, il m'appelle et nous devisons sur la religion, sur l'homme, sur le devenir énigmatique de notre humanité, emballée dans ses découvertes vertigineuses.

Quand, mardi dernier 3 juillet, je lui annonçai mon intention de venir participer aux travaux de votre comité, il me dit :

« Le dialogue que Rome cherche à établir avec les autres croyants ne saurait être fondé que sur l'amour et dans l'amour du prochain, étayé par une tolérance réfléchie et effective.

« Il faut, certes, revendiquer sa personnalité sur tous les tons et sur tous les toits, avec toute la force dont on est capable, mais il faut aussi savoir écouter patiemment, accepter et laisser notre vis-à-vis s'épanouir à sa manière. Exposons-lui notre manière de voir, mais laissons-lui l'initiative de choisir son chemin.

— Je suis d'accord avec toi, lui répondis-je, et nous ne sommes pas en désaccord en cela avec le Coran, qui déclare : " Point de contrainte en religion ! La vérité se distingue d'elle-même de l'erreur. " Peux-tu, lui demandai-je, me conter une anecdote, une parabole ou une légende que tu aurais apprise de nos anciens et qui t'aurait aidé à comprendre, d'abord, puis à pratiquer le culte de l'amour de ton prochain ?

– *Oui, bien sûr, je le peux, me dit-il, parce que l'anecdote que je vais te conter a si bien marqué ma vie que j'en ai fait mon bréviaire*.*

« *Il y avait, à la cour royale de Yamoussoukro, un vieux captif chargé de l'éducation des enfants. Il m'aimait beaucoup et me prodiguait les conseils nécessaires à ma formation de futur chef. Mais je dois te dire, avant de continuer, que la " captivité ", chez les Baoulé, était beaucoup plus nominale* qu'effective. L'état d' " esclave " n'aliénait pas la valeur intrinsèque de l'individu. C'est celle-ci qui classait l'homme, partout où il allait en pays baoulé. D'ailleurs, un captif pouvait parfaitement épouser la fille de son maître.*

« *Mon vieux captif, donc, me parlant de l'amour, étaya sa leçon par l'anecdote suivante :*

« *Il était une fois un paysan qui, ayant fait une bonne récolte et l'ayant bien vendue, s'en alla au marché. Sur l'étalage d'un marchand, divers outils étaient étalés. Il remarqua un beau couteau, qu'il aima immédiatement.*

« *Il l'acheta et lui fabriqua une très belle gaine qu'il agrémenta de perles et de coquillages. Il le portait à son côté et ne s'en séparait que pour aller au lit.*

« Un jour, ce paysan voulut élaguer les branches gourmandes d'un arbre qu'il avait planté dans sa cour. Mais au lieu de couper la branche, voici que le couteau trancha le doigt de son maître. Sous la morsure de la douleur, le paysan, par réflexe, jeta son couteau à terre en grommelant contre lui comme s'il était doué d'ouïe et d'intelligence.

« Après avoir pansé sa blessure, le paysan ramassa son couteau maculé de sang. Il le regarda longuement, l'essuya proprement, le replaça tout bonnement dans sa gaine et le suspendit à son côté, comme il avait coutume de le faire, sans autre forme de procès.

« Pourquoi le paysan n'a-t-il pas abandonné ce méchant et ingrat outil qui le payait en mal de tout le bien qu'il lui avait fait ? Par amour. Le paysan aimait son couteau. C'est pourquoi il ne l'a pas abandonné.

« Et le vieux captif d'ajouter à mon intention : " Grave dans ta mémoire cette anecdote et veille à ne pas refuser à ton prochain ce que le paysan a pu

accorder à un objet métallique, sans vie ni intelligence. " »

Mes frères et sœurs, apprenons à nous aimer mutuellement et à nous entraider constamment, afin que l'Amour nous mette sur le chemin de la Charité qui mène à la Vérité.

CONVERGENCES[1] :

Parallèle entre le *Pater* chrétien et la *Fatiha* musulmane

1. [Ce texte a été réalisé à partir d'extraits d'une conférence d'Amadou Hampâté Bâ, intitulée « Convergences » et donnée à Paris il y a une trentaine d'années devant une assistance pluri-confessionnelle (texte sans date précise retrouvé dans ses archives). Il a été enrichi par endroits de passages extraits d'une de ses études inédites intitulée « Ésotérisme de la Fatiha », ainsi que d'éléments provenant d'un travail de recherche sur les racines arabes de certains termes coraniques figurant également dans ses archives. Pour simplifier la présentation de ce texte et en faciliter la lecture, j'ai inséré les passages rajoutés sans procéder chaque fois à leur identification.]

Convergences

J'ai imaginé un jour deux croyants priant côte à côte, l'un chrétien, l'autre musulman, chacun récitant la prière fondamentale de sa religion : la *Fatiha* pour le musulman, le *Pater* pour le chrétien, et l'idée m'est venue de comparer ces deux textes sacrés. A première vue ils paraissent assez différents, au moins dans la forme ; je fus le premier surpris de découvrir, par-delà les mots employés de part et d'autre, des convergences étonnantes.

Pour les amis occidentaux qui ignoreraient ce qu'est la *Fatiha* (littéralement : « celle qui ouvre »), je rappelle qu'elle est la première sourate[1] du Coran, et qu'elle constitue la prière cardinale de l'Islam. On la retrouve dans tout le rituel

1. Chapitre (littéralement : « visage »).

musulman. Dans chacune des prières canoniques quotidiennes, le fidèle doit la réciter au moment de la station debout, faute de quoi sa prière est invalidée. Non seulement la *Fatiha* « ouvre » le Coran, mais elle sacralise, ouvre et clôture toute cérémonie musulmane ainsi que tous les actes importants de la vie. Appelée à être dite très fréquemment, elle est aussi appelée « sourate de la répétition ». Et pour ceux de mes frères musulmans qui ignoreraient l'origine du *Pater* (« Père » en latin), je rappelle que cette prière a été enseignée aux hommes par Jésus lui-même et qu'elle figure dans les Évangiles. [1]

Ma première constatation fut que les deux prières, *Fatiha* et *Pater*, comportaient chacune sept versets, et que ces versets avaient une destination presque semblable, en tout cas extrême-

1. Pour cette étude, j'ai utilisé le texte du *Pater* qui m'a été communiqué par des amis chrétiens comme étant le texte rituel récité, à l'époque, par les fidèles. On y utilise le vouvoiement, alors que, dans l'Évangile de saint Matthieu (traduction Louis Segond, 6, versets 10 à 13), c'est le « tu » qui est utilisé. En outre, il n'inclut pas, à la fin, la phrase de glorification « Car c'est à toi qu'appartiennent, dans tous les siècles, le règne, la puissance et la gloire ! » qui figure dans le texte évangélique, phrase qui lui aurait été adjointe ultérieurement. Je n'en ai donc pas tenu compte, d'autant qu'elle se situe en dehors des sept demandes de base.

ment proche. J'ai d'ailleurs découvert, lors de mes séjours à Paris, que certains initiés chrétiens font correspondre les sept versets du *Pater* aux sept planètes de l'astrologie antique. Or, les mystiques musulmans font de même avec les sept versets de la *Fatiha* ; chacun de ces versets correspond, pour eux, à l'un des sept archanges qui gouvernent les sept planètes, lesquelles correspondent aux « sept terres et sept cieux » de la tradition islamique – autrement dit sept niveaux différents d'existence.

Pour faciliter l'étude comparative, je présente ci-après, en juxtaposition, les versets des deux textes sacrés. Pour le *Pater,* j'ai suivi l'enchaînement des sept « demandes », et pour la *Fatiha*, j'ai suivi la numérotation traditionnelle la plus fréquemment rencontrée – mais il peut exister quelques variantes [1].

---

1. La formule introductive *Bismillâh er-rahmân er-rahîm* (« Par le nom de Dieu, le Clément, le Miséricordieux »), qui doit obligatoirement être prononcée avant de réciter la *Fatiha*, n'est pas incluse dans ces sept versets, puisqu'elle figure en tête de toutes les sourates du Coran (sauf une).

Jésus vu par un musulman

Parallèle *Pater/Fatiha*

1. Notre Père qui êtes aux cieux, que votre nom soit sancti-
fié !
   Louange à Dieu, Seigneur des mondes,

2. Que Votre règne arrive !
   Le Tout-miséricorde, le Miséricordieux,

3. Que Votre volonté soit faite sur la terre comme au ciel !
   Roi du jour du Jugement !

4. Donnez-nous aujourd'hui **notre** pain de chaque jour,
   Ô Toi que nous adorons,
   c'est Toi dont nous implorons le secours.

5. Pardonnez-nous nos offenses comme nous pardonnons à
ceux qui nous ont offensés,
   Guide-nous dans la Voie droite,

6. Ne nous induisez pas en tentation,
   La Voie de ceux sur qui Tu répands Ta Grâce,

7. Et délivrez-nous du mal.
   Non pas (la Voie) de ceux sur qui est Ton courroux,
   ni de ceux qui s'égarent.

Amen ! / *Amine !*[1]

---

1. Traduction libre d'A. Hampâté Bâ.

Au premier coup d'œil, on peut se rendre compte que, dans les deux textes sacrés, il s'opère, de verset en verset, une sorte de « descente » progressive depuis le monde divin, absolu et transcendant, jusque vers le monde de l'homme, pour finir, à l'extrême opposé, avec le monde du « mal » et de l'errance aveugle. Je vais tenter de dégager les étapes de cette « descente » dans chacune des deux prières – en demandant aux frères chrétiens de me pardonner mon audace, et mes éventuelles erreurs d'interprétation...

LE PATER

Premier verset

Le premier verset du *Pater* concerne le monde divin pur, céleste, considéré indépendamment du monde de la création. Dieu y est appelé « Notre Père », parole énigmatique et d'une profondeur qui dépasse de beaucoup le sens extérieur de la lettre. *Mon Père...* Quel est l'homme, sain de corps et d'esprit, qui n'est ému par cette appellation ? Qui n'éprouve amour et respect pour son père ? L'homme considérant Dieu comme son Père se lie à Lui par une intimité confiante. Certes, cette idée de paternité divine choque les musulmans en raison de l'enseignement coranique selon lequel « Dieu n'a pas de fils » et n'est « ni engendreur ni engendré » ; mais il va de soi qu'ici l'expression « Notre Père » ne saurait être entendue au sens littéral du mot mais dans un sens figuré, comme une expression d'amour envers Celui qui est source et origine de toute vie. Dans le premier verset de la *Fatiha*, le mot *rabb* (traduit très incomplètement par « seigneur » ou « maître ») s'apparente d'ailleurs à cette notion ; j'y reviendrai plus loin.

Deuxième et troisième versets

Les deuxième et troisième versets du *Pater* font apparaître, eux, le monde créé ; en effet, s'il y a « règne », il y a nécessairement un royaume sur lequel ce règne est appelé à s'exercer. Le troisième verset précise les choses : l'essence de ce règne, c'est l'« accomplissement de la volonté de Dieu », et son espace englobe le ciel et la terre comme en un double mouvement. Autrement dit, ce royaume divin, c'est la totalité de la Création. L'homme, par les termes mêmes de sa prière, apparaît ici comme un instrument pour l'accomplissement de cette Volonté divine et, par là même, se situe au cœur de la création.

Quatrième verset

Avec les versets suivants, nous entrons dans le monde de l'homme, dans sa relation à Dieu, aux autres hommes et aux forces qui l'habitent ou qui l'environnent.

Au quatrième verset, le fidèle demande au Créateur son « pain » de chaque jour, exprimant ainsi sa dépendance comme un enfant vis-à-vis de son père, et son besoin d'une nourriture essentielle à sa vie. Mais le « pain » dont il est question ici, j'imagine que ce n'est pas seulement le pain matériel, mais le principe même de toute nourriture, aussi bien matérielle que spirituelle, nécessaire à la vie du corps comme à celle de l'âme. Jésus n'a-t-il pas dit : *« L'homme ne vit pas que de pain »* ? C'est donc là une demande essentielle, qui englobe, en quelque sorte, toutes les autres demandes.

Cinquième verset

Au cinquième verset, la demande est plus spécifique. L'homme, constatant son imperfection, demande à Dieu un autre pain spirituel : celui du pardon et de la clémence divine pour les fautes qu'il a pu ou pourra commettre. Il amorce alors, lui aussi, un double mouvement : ce qu'il reçoit de Dieu – ici le pardon et la miséricorde –, à son tour il doit le manifester envers les autres hommes. Les dons de Dieu ne se gardent pas pour soi, sinon on risque de les perdre, comme les bœufs chargés d'or reçus par les trois héros du conte *Kaïdara*[1] dans la demeure du dieu de la connaissance...

1. [Cf. *Contes initiatiques peuls*, Stock, Paris, 1994.]

Sixième verset

La demande du sixième verset se fait plus précise : le fidèle sollicite l'assistance de Dieu contre la tentation, c'est-à-dire contre lui-même et ses propres faiblesses.

Septième verset

Enfin, avec le dernier verset apparaît le « mal », mot terrible et ambigu qui, comme le mot « pain », recouvre sans doute une multiplicité de sens, et qui résonne ici, par rapport à l'absolu céleste du premier verset, comme une sorte d'« absolu à l'envers ».

LA FATIHA

Au fil des versets de la *Fatiha*, on assiste, avec quelques nuances, à une « descente » progressive presque similaire, qui a d'ailleurs été étudiée par les ésotéristes islamiques. Les termes de cette prière peuvent paraître assez différents de ceux du *Pater*, mais la traduction en français les ampute inévitablement d'une partie des significations potentielles qu'ils possèdent dans la langue arabe. Une analyse du sens de ces mots dans la langue originelle montrera plus loin qu'ils recouvrent souvent des réalités très proches, presque parentes, de celles évoquées par les mots du *Pater*. [1]

Premier verset

Comme dans le *Pater*, le premier verset de la *Fatiha*, surtout dans sa première partie (*El-hamdoulillâh* : « Louange à Dieu ») se situe dans le monde divin absolu. Le nom de Dieu ici employé est « Allâh » (littéralement *al-lâh* : « le-Dieu »), nom suprême de Dieu pour les musul-

1. [Des amis, premiers lecteurs de ce texte, ont fait observer que l'étude concernant la *Fatiha* était beaucoup plus longue que celle qui a été consacrée au *Pater*. C'était inévitable, pour une double raison. D'abord, Amadou Hampâté Bâ ne s'estimait pas qualifié pour interpréter d'une façon plus approfondie un texte sacré chrétien, laissant ce soin aux chrétiens eux-mêmes ; il a surtout voulu mettre l'accent sur les thèmes et les orientations qui se retrouvent dans les deux textes. Ensuite, du fait même des restrictions apportées par la traduction française au sens des mots arabes de la *Fatiha*, il a été obligé, pour restituer le sens plénier de ces mots et permettre une comparaison valable, de se livrer à une analyse linguistique préalable qui a considérablement allongé cette partie de son étude.]

mans, comme Yahvé pour les Hébreux. La formule *El-hamdoulillâh !*, employée couramment pour remercier Dieu et lui rendre grâces, signifie littéralement « la louange est *à* Dieu, ou *pour* Dieu (*li-Allâh*) », ce qui implique l'idée que toute louange, toute glorification, appartiennent à Dieu et Lui reviennent, prenant en quelque sorte leur source en Lui. Autre manière de sanctifier Son nom...

La seconde partie de ce premier verset (*Rabbi el-'alamin*, « seigneur des mondes » ou « des univers »), se situe toujours dans le monde divin originel, mais avec une première spécification ; en énonçant le premier grand attribut divin, elle nous dit « qui » est Dieu. Pour essayer de mieux comprendre, il est indispensable d'abandonner la traduction française et de revenir aux mots arabes originels. Comme les poupées russes, ils comportent souvent une pluralité de sens que ne saurait rendre une traduction dans une langue analytique et logique comme la langue française, laquelle donne un sens précis à chaque mot. Dans la langue arabe (et particulièrement coranique), le même mot peut en effet revêtir plusieurs sens selon le contexte ; en outre, les formes dérivées construites à partir de sa racine introduisent elles aussi des significations nouvelles. Tous ces sens dérivés gardent cependant, avec l'idée centrale exprimée par la racine, un lien que l'on peut redécouvrir.

Le mot *rabb*[1], généralement traduit par « maître », ou « seigneur », est précisément l'un de ceux dont le contenu est si riche et si complexe qu'il échappe aux traductions courantes. Une approche un peu plus approfondie de ses différentes significations fait apparaître son rapport avec la notion de « père » en tant que formateur et éducateur.

Voici les principaux sens de la racine verbale *r-b-b*[2] et de ses dérivés, qui figurent, entre autres, dans le Dictionnaire arabe-français de Kasimirski[3] :

---

1. La terminaison en « i » (voyelle courte) du mot à l'intérieur de la phrase est une désinence grammaticale indiquant sa fonction.

2. Les racines arabes sont généralement trilitères et toujours consonantiques. Les voyelles courtes *a, i* et *ou* ne sont pas des lettres, mais des signes vocaliques affectant les consonnes. Lorsqu'elles sont longues (*â, î* ou *y, oû*), elles sont considérées comme des consonnes.

3. [Ed. G.-P. Maisonneuve, Paris, 1960 (nouvelle édition).]

- être maître (ou seigneur), exercer le pouvoir, l'autorité ;
- posséder, être propriétaire de ;
- élever, éduquer ;
- réparer, corriger, agencer, réconcilier ;
- réunir, ramasser ;
- fixer dans un lieu ;
- augmenter, accroître, multiplier ;
- accomplir, exécuter, achever ;
- parfumer ;
- s'attacher à.

On trouve parfois pour ce nom, chez certains auteurs musulmans, la définition suivante : « Celui qui a des serviteurs et qui commande selon son bon plaisir ». Même si c'est effectivement son sens le plus courant, ce n'est, on vient de le voir, qu'une seule de ses significations possibles. S'y arrêter serait amputer ce terme de ses dimensions les plus profondes. Pour mon maître Tierno Bokar, comme pour les grands spirituels de l'Islam, *rabb*, ici, au sens divin du mot, c'est non seulement le maître et seigneur, le suzerain qui détient l'autorité suprême, mais aussi le grand éducateur, celui qui, après avoir sorti un être de l'inexistence, le suit pas à pas dans son développement, le « corrige », le « rassemble » et le fait « croître », parfois le « parfume » de ses dons spirituels, et finalement l'aide à « s'achever » en vue de son accomplissement. Le *rabb* correspond donc bien également au rôle de père, car un père est par définition celui qui, après avoir donné la vie, veille sur l'éducation et le développement de sa progéniture. C'est d'ailleurs lui que l'on appelle avec confiance dans les prières individuelles : *Ya rabby*[1] ! (« Ô mon maître ! » ou « mon seigneur »).

Alors que le nom *Allâh* désigne la divinité dans son aspect de transcendance absolue, *rabb* implique une relation particulière, à la fois suzeraine et paternelle, avec la création tout entière, comme avec toute créature. Un *hadith*[2] du Prophète dit : *« Qui se connaît, connaît son Seigneur (rabb). »*

Dans le verset, il est dit que la fonction divine du *rabb* s'exerce sur l'ensemble des *'alamîn* (« mondes » ou « univers »), c'est-à-dire sur la

1. [Le « y » (voyelle longue) joue le rôle de pronom possessif à la première personne lorsqu'il est rajouté à la fin d'un mot.]
2. *Hadith* : parole (ou acte) du Prophète Mohammad rapportée par la tradition, et figurant dans des recueils traditionnels.

totalité de la création. Il est intéressant de noter que le pluriel *'alamin* est construit autour d'une racine *('a-l-m)* qui évoque tout ce qui est « connaissance », ou « science ». Les « univers », c'est donc, littéralement, tout ce qui est ou peut devenir objet de connaissance à tous les niveaux de l'existence, de l'infiniment grand à l'infiniment petit, du niveau le plus élevé et le plus subtil jusqu'aux niveaux matériels les plus grossiers ; bref, tout ce que la tradition islamique comprend sous l'appellation « les cieux et les terres », l'être humain compris – à l'exception de l'Essence divine elle-même. Nous voilà bien loin de la traduction linéaire...

Deuxième verset

Dans son deuxième verset, la *Fatiha* énonce les deux autres attributs cardinaux du Tout-Puissant : *er-rahmân* et *er-rahîm*, que l'on traduit le plus souvent par « le Clément, le Miséricordieux », « le Miséricordieux, le Compatissant », ou autres formules de même nature. Pour nous y retrouver, il nous faut, là aussi, revenir au sens premier de ces mots en langue arabe.

Tous deux sont formés à partir de la même

racine *r-h-m*, laquelle a deux significations : d'une part, la matrice maternelle et tout ce qui s'y rapporte ; d'autre part, tout ce qui est pitié, clémence, compassion et miséricorde. Le lien entre les deux notions est évident : la matrice, berceau de la vie, est le symbole même de l'amour maternel, amour total et désintéressé auquel s'apparentent les vertus de pitié, de compassion et de miséricorde.

Construits à partir d'une même racine, les deux noms ont une forme grammaticale légèrement différente [1], difficile à définir, d'où il ressort que le premier évoque plutôt un état, et le second une action. *Er-rahmân*, c'est la Miséricorde tout-embrassante, celle qui contient, comme en une matrice maternelle suprême, tout ce qui existe dans l'univers. Dans un verset coranique [2], Dieu dit : *« Ma Miséricorde embrasse toutes choses. »* Rien ni personne n'est exclu de cet amour. Parmi les noms de Dieu, c'est l'un des plus élevés en rai-

1. [Les différentes « formes » de noms ou de verbes construites à partir d'une même racine consonantique s'obtiennent par la permutation ou la suppression des voyelles affectant ces consonnes, par des redoublements de consonnes, des ajouts de préfixes ou suffixes, etc.]
2. [Sourate 7, verset 156 dans la traduction D. Masson, 155 dans la traduction Kasimirski.]

son de son caractère de totalité et d'enveloppe-
ment.

Le second nom, plus actif, est censé s'exercer
envers le fidèle pour lui pardonner ses fautes soit
ici-bas, soit – c'est l'interprétation musulmane
traditionnelle – lors du jugement de ses actes dans
le monde futur. Une autre parole divine révélée
éclaire cette signification : *« Ma Miséricorde
devance mon courroux. »* On pourrait dire que le
premier nom, c'est la maman qui englobe dans
son amour tous ses enfants, alors que le second,
c'est la maman qui court au secours de l'un
d'entre eux en difficulté. Après l'aspect paternel
de Dieu évoqué à travers le grand nom de *rabb*,
apparaît maintenant, avec ces deux autres attributs majeurs, l'aspect maternel de l'amour divin.

Aucune traduction ne saurait rendre de telles
nuances. Faute de mieux, il semble que l'on puisse
dire : « le Tout-Miséricorde, le Très-Miséricor-
dieux »... mais nous sommes encore loin du
compte.

Troisième verset

Le troisième verset introduit une nouvelle spécification : Dieu est non seulement le Seigneur
paternel des univers, il est aussi le « Roi » *(malik)*

du « jour du jugement » *(yaoum-ed-dîn),* expression que l'on traduit également par « jour de la rétribution », ou « jour de la sentence ». Pour l'interprétation courante, le sens en est tout simple : il s'agit du jugement qui interviendra à la fin des temps, et Dieu est le souverain incontesté de ce jour-là.

Il faut cependant savoir que le mot *dîn,* comme le mot *rabb,* comporte une pluralité de significations qui se ramifient à partir de la racine, tout en gardant un rapport entre elles. Au sens premier et courant du mot, *dîn* évoque l'idée d'une dette, et du paiement d'une dette ; il désigne aussi, par extension, un jugement rendu, une sentence et une rétribution, notions en rapport direct avec le « jour du jugement » où chacun fera l'objet d'une « sentence », « paiera sa dette » et recevra la « rétribution » de ses actes. Comme le dit un verset coranique, en ce jour *« celui qui a fait le bien du poids d'un atome le verra, et celui qui a fait le mal du poids d'un atome le verra ».*

Un ami érudit, versé dans la langue arabe usitée à l'époque de la révélation coranique, m'a dit un jour que, d'après le sens étymologique le plus ancien du mot, *dîn* pouvait être entendu comme « prise de conscience »...

Sous l'une de ses formes dérivées, *dîn*, c'est aussi le comportement, la manière d'agir, la coutume et l'habitude, et les rapports que l'on a avec autrui. Le mot en est donc venu à désigner également la religion, aussi bien en tant que religion révélée qu'en tant que comportement religieux de chacun. Quelqu'un demanda un jour au Prophète : *« Qu'est-ce que le* dîn *? »* Il répondit : *« C'est la sincérité »* – ce qui nous rapproche de la notion de « prise de conscience ».

La communauté musulmane, qui incarne cette religion et le type de comportement qui en découle, s'appelle aussi *dîna*.

C'est dire combien il est difficile de faire passer une idée d'une langue à une autre...

Quant au mot *yaoum*, « jour », je signale en passant qu'au pluriel il signifie également « bienfaits », en tant que « bienfaits de Dieu ».

Le fait que le « jour du jugement » soit placé sour le règne et l'autorité du nom *malik*[1], « roi », est à mettre en rapport avec le « monde du *mala-*

---

1. Mot dont la racine signifie « tenir une chose dans sa main », d'où : posséder, régner sur, roi ; mais aussi : se contenir, se maîtriser, être maître de soi.

kout », monde (ou royaume) invisible, intermédiaire entre le monde divin absolu et le monde visible qui est le nôtre. Ce monde intermédiaire est celui des Esprits et des anges, que l'on pourrait entendre comme « dignités royales », ou puissances émanées du *Malik* divin, leur nom, *malaïkat*, venant de la même racine.

Le premier verset de la *Fatiha*, comme celui du *Pater*, se situait sur le plan divin, transcendant et non différencié, surtout dans sa première partie. Avec les deuxième et troisième versets, il y a eu descente progressive dans le plan intermédiaire, vaste et saint royaume aux multiples niveaux, dominé par la Miséricorde divine et où s'opérera la pesée des âmes au « jour du jugement »...

Viennent alors, comme dans le *Pater*, des versets qui concernent plus directement l'homme et sa relation avec Dieu.

Quatrième verset

Le quatrième verset introduit cette relation en amorçant un double mouvement. Alors que, dans les versets précédents, il y avait comme une majestueuse descente vers des plans de plus en plus rapprochés de l'homme, ici, pour la première fois, on trouve un mouvement ascendant de l'homme vers Dieu, à travers son adoration et sa demande, et, en réponse, un mouvement de descente du secours divin. Précisons au passage que le verbe *'abada* signifie à la fois « adorer » et « servir » ; le « serviteur de Dieu » est en même temps son « adorateur ». Dans le langage courant, le sens du mot dépend du contexte ; ici, on conçoit que le service ne saurait aller sans l'adoration, qui est amour et don de soi.

Cinquième verset

Le cinquième verset précise l'objet de la demande : « Guide-nous dans la Voie droite », ce qui est généralement interprété soit au sens moral du terme, soit par référence à la voie étroite *(sirât),* « fine comme le fil de l'épée », tendue vers le paradis et passant au-dessus d'un abîme, et que les âmes devront franchir au jour de la résurrection.

Mais là encore, la traduction littérale se bornant au seul adjectif « droite » est loin de rendre l'idée contenue dans le mot *mustaqîm*. Avec ce mot, il ne s'agit pas, en effet, d'une droite au sens géométrique du terme, comme une ligne tendue entre deux points (ce qu'exprime un autre mot arabe, le mot *tawîl).* La racine verbale *q-i-m* désigne en effet « ce qui se tient debout », avec l'idée d'une verticale prenant appui sur une base horizontale, comme dans une équerre. Les mots dérivés de cette racine impliquent l'idée de cohésion et de solide équilibre. Le mot arabe pour « résurrection » *(qiyamat)* vient d'ailleurs de la même racine. Au sens arabe du mot, « ressusciter », ce serait donc non seulement revenir à la vie, mais « se lever », « se remettre debout », retrouver une verticalité primordiale.

Dans le mot *mustaqîm* traduit par « droite », on trouve d'abord le préfixe *mu,* correspondant au nom d'action, puis le préfixe *st* signifiant « tendre vers », « aspirer à », « s'efforcer de ». La « Voie droite », ici, c'est donc à la fois la voie de la rectitude morale, la « voie étroite » du jour de la résurrection, et la voie de celui qui « s'efforce », tant dans sa vie intérieure que dans son comportement extérieur, de « se lever », de se tenir debout contre les vents et marées des tentations de toutes sortes, intérieures et extérieures, bref, de « s'éveiller » (« *Les hommes dorment ; quand ils meurent, ils se réveillent »*, et *« Mourez avant de mourir ! »*[1]). Et cela grâce à l'aide de Dieu qui l'assiste au cœur même de son être, car Lui-même a dit, dans un *hadith qudsi*[2] (parole sainte) révélé au Prophète : *« Les cieux et les univers ne Me contiennent point, mais le cœur de Mon serviteur croyant Me contient. »*

Sixième verset

Le sixième verset précise la nature de cette voie : « la Voie de ceux sur qui Tu répands Ta Grâce », ce qui sous-entend, sans les nommer, la pratique des qualités humaines prônées tout au long du message coranique. Le même mot signifiant également « bienfaits », il faut garder à l'esprit que le plus grand des bienfaits, c'est la nourriture spirituelle qui nous éclaire et nous transforme, et nous ouvre à l'amour vrai du prochain. C'est elle qu'il faut demander. Le reste viendra par surcroît.

---

1. *Hadith* du Prophète Mohammad.
2. Les *hadith qudsi* (ou *hadith* saints) sont des paroles où Dieu parle à la première personne, reçues par le Prophète Mohammad en révélation, mais en dehors de la révélation coranique proprement dite.

Septième verset

Le septième verset dit ce que cette voie n'est pas : ce n'est pas la voie de « ceux sur qui est Ton courroux », ni celle des « égarés », ou plus exactement de « ceux qui errent ».

Les hommes « sur qui est Ton courroux » (littéralement : « qui sont le lieu de Ton courroux », le préfixe *ma* indiquant qu'il s'agit du lieu où se passe l'action), ont encore une certaine relation avec la grâce et l'assistance divine, bien que d'une façon négative. Le courroux divin – comme le courroux paternel ou maternel – est encore une forme d'assistance, destinée à éduquer et à remettre sur le chemin. Les « égarés », eux, semblent errer dans un monde sans repères, tels ceux dont parlent certains versets : *« Sourds, muets, aveugles, ils ne comprennent rien »* (II, 171[1]), *« Une pesanteur siège dans leurs oreilles, et ils ne voient pas. Ils ressemblent à ceux qu'on appelle de loin »* (XLI, 44[2]). La racine du

1. [Numérotation de D. Masson ; le même verset porte le numéro 166 dans la traduction de Kasimirski, Garnier-Flammarion, Paris, 1970.]
2. Traduction libre d'A. Hampâté Bâ.

86

mot se suffit à elle-même : *d-â-l*, c'est errer, s'égarer, perdre son chemin, tourner en rond, tourner sans issue dans une forêt quand on a perdu son orientation...

Après la descente progressive du monde de l'Absolu divin jusqu'au monde de l'homme, comme en des cercles successifs de plus en plus spécifiques, la *Fatiha* fait apparaître une « Voie droite » parcourue par un double mouvement, ascendant et descendant, de l'homme vers Dieu et de Dieu vers l'homme. Vient ensuite le cercle rapproché des « porteurs de Grâce », puis celui, plus éloigné, des « porteurs de courroux », enfin le cercle vaste et indéterminé des errants – qui correspond, dans le *Pater,* au verset final sur le « mal ». N'oublions pas cependant que la Miséricorde divine « embrasse toute chose » et que nul n'en est exclu.

C'est cette « descente divine » sur tous les plans de l'existence, ouverture par excellence, qui, en Islam, confère à la *Fatiha* ses vertus opératoires et justifie au premier chef son appellation : « celle qui ouvre ».

La modeste étude – volontairement limitée dans sa portée – à laquelle nous venons de nous livrer a fait apparaître, dans les sept versets du *Pater* comme dans ceux de la *Fatiha*, une structure de « descente » quasiment identique, ainsi que, pour de nombreux termes, une parenté de signification indécelable à première vue, surtout dans une traduction. Il est permis de supposer, d'ailleurs, que la traduction française du *Pater* à partir du grec souffre elle aussi de certaines limitations. L'Évangile de Matthieu d'où est tiré ce texte aurait en effet, paraît-il, été écrit non en grec mais en araméen ou en hébreu, langues sémitiques parentes de l'arabe, donc plus synthétiques qu'analytiques, où les mots recouvrent une pluralité de sens qui se dévoilent au fur et à mesure de la recherche ou de l'avancement spirituel. Mais c'est l'une des caractéristiques du Verbe divin, où qu'il se manifeste, de pouvoir être entendu à tous les niveaux, afin que chacun y trouve sa nourriture.

Cette parenté profonde entre deux textes sacrés, révélés aux hommes par deux grands Envoyés de Dieu, n'est-elle pas la preuve de l'unité de leur source ? En fait, le *Pater* chrétien et la *Fatiha* musulmane sont des prières universelles qui pourraient être dites par tout croyant sincère, quelles que soient sa religion ou sa race.

Avec un peu de bonne volonté, une mutuelle bienveillance et un respect absolu de la foi de l'autre, les croyants tolérants de toutes les confessions ne devraient avoir aucune peine à découvrir le lien commun qui les unit dans leur foi et leur spiritualité. C'est dans le but de trouver un terrain d'entente et de communion confraternelle que j'ai effectué la présente démarche, dont je revendique l'entière responsabilité.

Parfois, sans le savoir, les spirituels de divers horizons vibrent d'une même manière, même s'ils emploient des mots différents pour l'exprimer ; mais cette identité mystérieuse demeurera à jamais cachée aux intolérants ou aux bigots étroits, à quelque religion qu'ils appartiennent.

C'est au fond de nous-même que Dieu a déposé ce qui nous unit à notre prochain. La découverte de cette identité intérieure et la splendeur de l'unité principielle des voies par lesquelles l'homme cherche à se rapprocher de son Créateur devraient nous aider à nous dégager de nos positions étroites, où le regard s'arrête à des détails extérieurs, humains, souvent dus, hélas, à des facteurs extra-religieux et qui ne font qu'éloigner l'homme du but sacré qu'il croit servir.

Avec mon ami le professeur Théodore Monod, j'ai souvent dit qu'il n'y a qu'un seul sommet en haut de la montagne, mais que les sentiers pour y parvenir sont variés. Chacun a ses raisons légitimes de penser que son propre « sentier » est meilleur, plus complet ou plus direct que les autres – et s'il ne le pensait pas, d'ailleurs, il n'y resterait pas. Je n'ai pas voulu, ici, entrer dans ce type de débat, m'efforçant de dégager des convergences et de mettre en pratique la parole de mon maître Tierno Bokar : « *Laissons de côté nos différences et cherchons ce que nous avons de commun, afin de bâtir quelque chose ensemble.* » L'essentiel est de ne pas oublier qu'au sommet de la montagne, la « Lumière sans couleur » qui brille et nous appelle est la même pour tout le monde, quels que soient le prisme à travers lequel elle passe et les multiples couleurs qu'il lui plaît de prendre à travers les âges et à travers le monde.

Convergences

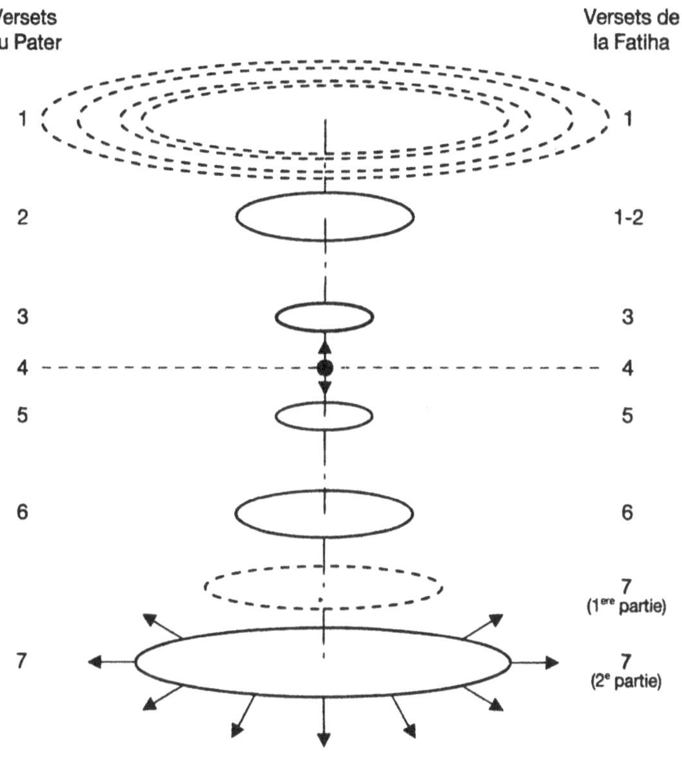

[Ce schéma a été réalisé avec Amadou Hampâté Bâ pour illustrer sa comparaison entre le Pater *et la* Fatiha.*]*

Postface

Propos d'Amadou Hampâté Bâ
sur le dialogue religieux

Présentés par
Hélène Heckmann[1]

1. Légataire littéraire d'Amadou Hampâté Bâ et responsable de son fonds d'archives.

Postface

*Lorsque Amadou Hampâté Bâ a prononcé à Nia-
mey en 1975, devant la commission épiscopale des
relations avec l'Islam, la conférence reproduite
dans le présent ouvrage, il s'est volontairement
limité au thème fixé par les organisateurs de la session et qui était : « Nos communautés chrétiennes
sont-elles la révélation de Jésus-Christ aux Musulmans ? » Citations coraniques à l'appui, il a montré
la place d'élection que « Jésus fils de Marie, le Messie », « Parole de vérité » et « Esprit de Dieu[1] »*

---

1. L'expression « Esprit de Dieu » *(Rûh-Allâh)* ne figure pas
nommément dans le Coran, où il est dit que Jésus est « *un* Esprit
émanant de Dieu ». En revanche, ayant été utilisée par le Prophète
Mohammad lui-même, elle figure à plusieurs reprises dans le
recueil de *hadith* de Bokhari et est devenue classique, chez les
savants musulmans, pour désigner Jésus. Chacun des grands prophètes est ainsi traditionnellement désigné par un qualificatif :

95

occupe dans la Révélation coranique elle-même et dans la succession des grands « Envoyés de Dieu » (Rassoul-ou'llâh) *révérés par l'Islam, mettant l'accent sur les points de convergence avec la foi chrétienne (annonciation à la Vierge Marie et naissance immaculée de Jésus) et laissant de côté les points de désaccord (divinité de Jésus et notion de « fils de Dieu ») :* « Je ne crois pas indiqué, précise-t-il, de continuer à épiloguer sur nos controverses, mais plutôt de prendre pour base les points sur lesquels nous sommes d'accord afin de partir ensemble vers la Vérité qui dépasse notre entendement actuel et individuel [1]. »

Dès qu'il s'agissait de dialogue, notamment religieux, c'était là de sa part une attitude constante, fondée essentiellement sur la tolérance, le respect de l'autre et le désir d'avancer vers une meilleure connaissance mutuelle, mais à condition de rester chacun pleinement fidèle à soi-même. Il s'en est amplement expliqué ailleurs. C'est pourquoi il nous a semblé opportun, pour situer sa conférence de

Abraham est *khalil-Allâh*, l'Ami de Dieu ; Moïse est son Interlocuteur ; Jésus est *Rûh-Allâh*, l'Esprit de Dieu ; et Mohammad *Habib-Allâh*, l'Aimé de Dieu.

1. *Supra*, p. 39.

Niamey dans le cadre plus large du dialogue religieux en général, de rappeler ici certaines des propres paroles d'Amadou Hampâté Bâ sur ce sujet, afin de le laisser expliquer lui-même le sens, la portée et les limites de sa démarche. Comme il aimait à le dire : « Quand une chèvre est présente, il est ridicule de bêler à sa place... »

Dans une interview accordée en septembre 1981 au quotidien dakarois Le Soleil[1], *Amadou Hampâté Bâ, répondant à une question sur la progression de l'intolérance et sur son propre rôle en tant qu'homme de dialogue, aborde les principaux thèmes de sa pensée en ce domaine :*

« Vous parlez d'intolérance. Mais l'intolérance religieuse ne date pas d'aujourd'hui. Elle est de tous les temps et de tous les lieux. Quel pays, quelle religion constituée, quelle idéologie ne l'ont pas connue à un moment ou à un autre ? Pour moi, intolérance et tolérance sont aussi inséparables de la nature humaine que le bien et le mal.

« Du point de vue religieux pur, toutefois, l'in-

---

1. Interview répartie sur cinq numéros allant du 31 août au 4 septembre 1981 (ici, extrait du numéro du 4 septembre).

tolérance est une déviation. Il ne faudrait pas juger les religions, quelles qu'elles soient, à travers les hommes qui les appliquent ou qui, parfois, les utilisent pour des fins tout autres que réellement religieuses. Les inquisiteurs ne représentent pas toute la chrétienté, qui a continué d'évoluer sans eux ; de même, les intolérances islamiques d'aujourd'hui, à quelque horizon qu'elles appartiennent, ne représentent pas tout l'Islam. » [...]

« Mon rôle est avant tout, chaque fois que j'ai l'occasion de rencontrer un croyant – qu'il s'agisse de mon frère chrétien, de mon frère judaïste, de mon frère bouddhiste ou de mon frère des religions traditionnelles – de me mettre à son écoute afin de trouver en lui ce que nous avons de commun. Il est temps, je crois, d'oublier nos divergences pour découvrir ce que nous avons de commun et essayer de bâtir, à partir de là, ce qui pourrait être la société religieuse de demain.

« Mais attention ! Il ne s'agit pas, dans mon esprit, de syncrétisme* ou d'une sorte de vague mélange, qui serait d'ailleurs inopérant. Chacun doit rester pleinement lui-même et accéder à Dieu en suivant sa propre voie, porteuse d'énergies spirituelles spécifiques. Mais pourquoi ne pas respecter la voie des autres ? Et puisqu'une grande partie des conflits humains naissent de la mutuelle incompréhension, donc de l'ignorance, pourquoi ne pas nous mettre à l'écoute les uns des autres pour mieux nous connaître ? Peut-être découvrions-nous que sur beaucoup de points, et particulièrement sur les valeurs fondamentales, nous sommes plus proches les uns des autres que nous ne le pensions. Les hommes de Dieu ne devraient-ils pas s'entendre et se soutenir, au lieu de perdre leur temps et leur énergie en de vaines querelles qui, de toute façon, ne seront jamais résolues ? [...]

« Il n'y a, dit-on, qu'un seul sommet en haut de la montagne, mais les chemins pour y parvenir peuvent être variés. »

Dans le journal Le Monde *du 25 octobre 1981, Philippe Decraene lui ayant demandé s'il estimait inquiétante pour l'Afrique la poussée de l'« Islam militant » (à l'époque impulsé par la révolution iranienne), il répond :*

« A mon point de vue, militer pour la purification du comportement des musulmans et le retour aux sources est une bonne chose, mais à condition de ne point s'en faire un drapeau pour justifier la violence et l'intolérance qui vont à l'encontre du dire de Dieu lui-même dans le Coran : *" Ma Miséricorde embrasse toutes choses "*, *" Ma Miséricorde devance mon courroux "*, ou encore : *" A chaque peuple son Livre sacré "*. [...]

« Disciple d'un homme, Tierno Bokar, qui prêcha toute sa vie pour la tolérance et l'amour de tous les hommes au nom même des principes fondamentaux de l'Islam, je ne puis qu'approuver toute action de revivification de l'Islam qui irait dans ce sens et, en revanche, déplorer tout progrès de l'intolérance, sous quelque forme que ce soit. »

A une question sur l'avenir du catholicisme en Afrique, il répond : « Chrétiens, musulmans et juifs ne forment-ils pas les trois branches d'un même arbre ? Pour ma part, je considère le Judaïsme, l'Islam et le Christianisme comme les trois frères d'une famille polygame où il n'y a qu'un seul père, mais où chaque mère a élevé son enfant selon la coutume qui lui est propre. Chacune des épouses a parlé de son époux à ses enfants selon sa propre conception...

« Ce qui est le plus important aujourd'hui, pour amener la paix dans un monde si troublé et un progrès dans la conscience humaine, ce n'est pas de voir telle ou telle religion triompher sur les autres, mais de voir se développer entre les différentes religions, comme entre tous les hommes, un esprit de tolérance, de compréhension mutuelle et de recherche de ce qui nous est commun. »

Tout au long de sa vie, par écrit ou oralement – notamment dans ses allocutions à l'Unesco – Amadou Hampâté Bâ est revenu avec force sur les principaux thèmes abordés dans ces deux interviews (tolérance, respect et écoute de l'autre, recherche des convergences et non des conversions, refus énergique de tout syncrétisme) :*

« Face aux périls du temps, les croyants des diverses religions ne peuvent plus s'offrir le luxe mortel de se dresser les uns contre les autres en de vaines polémiques, en de vaines querelles. Le temps n'est plus aux conversions systématiques, de part ou d'autre, mais à la convergence. Aujourd'hui, il faut mettre l'accent non sur ce qui nous sépare, mais sur ce que nous avons de commun, dans le respect de l'identité de chacun – car convergence ne veut pas dire syncrétisme* ! La rencontre et l'écoute de l'autre est plus enrichissante, même pour sa propre voie et l'épanouissement de sa propre identité, que les conflits ou les joutes intellectuelles qui, de toute façon, sont rarement convaincantes. [1] »

« Il ne faut pas confondre œcuménisme* et syncrétisme*. Je suis absolument opposé au syncrétisme, parce que ce serait une violation des réalités spirituelles. Le Seigneur a créé les hommes et il les a fait habiter des pays différents, des continents différents, avec des mentalités et des langues différentes, à telle enseigne que tous les hommes ne peuvent pas voir la même chose de la même manière. Cela dépend de leur vue et de leur entendement. [2] »

Ailleurs, il se définit lui-même : « Qui suis-je pour oser venir me présenter à vous et vous parler de l'Islam et de l'Afrique traditionnelle ? Je suis un croyant convaincu, un pratiquant assidu, un théologien doublé d'un arithmosophe* musulman [...], énergiquement œcuméniste, mais farouchement antisyncrétiste ! Je suis convaincu que la convergence, et non la conversion, est la meilleure manière pour nous diriger vers le confluent où les esprits réalisés en Dieu –

---

1. Préface à la thèse de frère Jean Gwénolé-Jeusset (auteur-éditeur) : *Dieu est courtoisie : François d'Assise, son ordre et l'islam.*

2. Entretien avec Ben Soumahoro, *Fraternité Matin*, Abidjan, 7 avril 1977.

ou simplement en humanité – boivent une même eau saturée par un même soleil, source de lumière sans couleur, centre des intelligences et des pensées pures[1]. » *Mais la tolérance, pour lui, n'était pas une tolérance du bout des lèvres :* « La tolérance, c'est savoir souffrir la coexistence avec les autres et essayer de les comprendre. »

> Je suis énergiquement œcuméniste mais farouchement anti-syncrétisme.
>
> Je suis convaincu que la convergence et non la conversion est la meilleure manière pour aller que confluent où les esprits réalisés en Dieu, ou simplement en humanité, boivent une même eau saturée par un même soleil, source de lumière sans couleur, centre des intelligences et des pensées pures.

Interrogé à Niamey par un groupe de jeunes étudiants[2], il expliquait : « Pour se comprendre

1. Conférence donnée à Lyon en 1977 devant un milieu franc-maçon (manuscrit conservé dans les archives).
2. Réunion organisée par l'association des Jeunes étudiants chrétiens du Niger (vers 1970-1971). Texte publié par les Editions Présence Africaine dans *Aspects de la civilisation africaine,* ouvrage rassemblant plusieurs conférences et interviews d'Amadou Hampâté Bâ (réédité en juin 1993 après une longue interruption).

mutuellement, il est bon d'oublier un moment qui l'on est et ce que l'on sait, afin d'être ouvert, disponible, et mieux écouter son interlocuteur. Un homme tout empli de lui-même, pressé d'étaler son savoir, ramenant tout à lui, ne saurait être convenablement à l'écoute de personne. Il cherche plutôt à se faire entendre qu'à écouter patiemment celui qui lui expose quelque chose. Même lorsqu'il se tait, il rumine déjà sa réponse et, finalement, se prive du bénéfice de l'échange et de toute chance d'apprendre davantage. Or la vie est leçon perpétuelle et l'on a toujours quelque chose à apprendre.

« Mon maître Tierno Bokar avait l'habitude de dire : " Il y a trois vérités : *ma* vérité, *ta* vérité, et *la* Vérité. Cette dernière se situe à égale distance des deux premières. "

« Pour trouver *la* vérité dans un échange, il faut donc que chacun des deux partenaires s'avance vers l'autre, ou " s'ouvre " à l'autre. Cette démarche exige, au moins momentanément, un oubli de soi et de son propre savoir. Une calebasse pleine ne peut pas recevoir d'eau fraîche... [1] »

---

1. *Aspects de la civilisation africaine, op. cit.* p. 82.

Quiconque frappe orgueilleusement sa poitrine
et se glorifie, disant « Je sais ! », ne sait pas.
S'il savait, il saurait qu'il ne sait pas.
(Extrait des poèmes peuls inédits d'A.H.Bâ)

« La grande affaire de la vie, c'est la mutuelle compréhension », *répétait-il souvent. Et l'on connaît de lui cette autre « petite phrase » :* « Quand je parle avec quelqu'un et qu'il ne me comprend pas, je me tais et je l'écoute. Si j'arrive à le comprendre lui, je saurai pourquoi il ne m'a pas compris. »

Quelle que soit la religion d'un homme,
il ne m'appartient pas de le juger.
Il n'est rien que je puisse juger,
si ce n'est ma propre œuvre.
(Idem)

Avec le rappel de ces quelques paroles d'Amadou Hampâté Bâ, on comprend mieux ce qui était au cœur de sa démarche quand, dans sa conférence sur Jésus, il évoquait tout ce qui rapproche et laissait volontairement de côté tous les points de désaccord, telles les notions de « filiation » ou de divinité du Christ[1]. *Ce faisant, il ne s'écartait pas pour autant*

---

1. Certains ont peut-être lu, dans un petit livre consacré à Amadou Hampâté Bâ, une phrase surprenante où l'auteur déclare que, dans le livre *Jésus vu par un musulman*, « Amadou Hampâté Bâ,

de sa foi islamique fondamentale, et d'ailleurs ses auditeurs chrétiens ne s'y sont pas trompés. Mgr Yapi, dans sa préface, souligne : « Si certains points de cette conférence ne sont pas conformes à la foi d'un chrétien, par contre de nombreuses pages emportent son adhésion. » Le Professeur Roger

toujours préoccupé par le dialogue inter-religieux, démontre que les musulmans reconnaissent Jésus comme fils de Dieu de la même manière que les chrétiens ». Bien entendu, ni dans le présent ouvrage ni ailleurs, A.H.Bâ n'a jamais exprimé une telle pensée, à la fois contraire aux faits et – ses amis peuvent en témoigner – à sa conviction personnelle. Et s'il l'avait fait, cela se serait su depuis longtemps, aussi bien chez les chrétiens que chez les musulmans !

Peut-être l'auteur a-t-elle confondu le récit coranique de la naissance immaculée de Jésus (rapporté par A.H.Bâ) avec la notion chrétienne de « filiation » divine, alors que pour l'Islam il ne s'agit ni de filiation ni d'incarnation, mais de « création » ? Dans la perspective islamique, où Dieu est Un et transcendant, tout ce qui est créé, fût-ce le plus sublime des « Envoyés » ou le plus élevé des archanges, est « créature » et non « fils ». Dans le récit coranique de l'Annonciation, l'ange, répondant à la question de Marie « Comment aurai-je un fils ? », énonce d'ailleurs la même Parole que celle qui, dans le Coran, préside à la création d'Adam : « Dieu crée ce qu'Il veut. Quand Il décrète une chose, Il dit " Sois ! ", et elle est *(kûn, fa ya kûn).* »

Dans son souci d'ouvrir le dialogue et de rechercher des « convergences », Amadou Hampâté Bâ pouvait avancer très loin et se rapprocher de la vision de l'autre, notamment à travers le symbolisme universel des nombres, mais jusqu'à une certaine limite qu'il a définie lui-même dans les textes cités ci-dessus : ne jamais tomber dans le syncrétisme*, et « rester chacun pleinement fidèle à soi-même ».

Arnaldez, dans son ouvrage Jésus fils de Marie, prophète de l'Islam *où il étudie Jésus tel que le présente la tradition islamique, le précise bien : le Jésus du Coran « n'est pas le Christ des Évangiles plus ou moins retouché », c'est un prophète de l'Islam « parfaitement intégré dans la conception d'ensemble que l'Islam se fait de la prophétie et des prophètes. [1] »*

Sur cette conception d'ensemble, Amadou Hampâté Bâ s'est également exprimé, notamment devant les étudiants de Niamey :

« Pour le musulman, la Révélation est Une et provient toujours de la même source : Dieu, à travers les Prophètes et les Grands Envoyés. La Révélation est toujours Une et semblable à elle-même, et pourtant toujours neuve dans sa formulation – telle la vie, toujours semblable à travers la diversité des êtres. [2] »

« La tradition islamique compte six grands " Envoyés " : Adam, qui descendit sur terre " avec les Paroles de son Seigneur ", Noé, Abraham,

---

1. *Jésus fils de Marie, prophète de l'Islam,* par Roger Arnaldez, Desclée, Paris, 1980, coll. « Jésus et Jésus-Christ » n° 13, p. 221.
2. *Aspects de la civilisation africaine, op. cit.,* p. 85.

Moïse, Jésus et Mohammad. On les appelle parfois
" Envoyés législateurs " parce que chacun d'eux
reçut une Loi nouvelle, adaptée aux nécessités du
temps. On les appelle aussi " Prophètes ". En général, avec chacun de ces Grands Envoyés apparut
une religion nouvelle, bien qu'en réalité ils aient
toujours prêché une seule et éternelle religion,
celle du Dieu Un et Éternel. De chacun d'eux est
sortie une communauté.[1] »

« Chaque Prophète, chaque Grand Envoyé, a
toujours appelé les hommes à la religion initiale,
primordiale, qui est l'amour et la soumission au
Dieu Un – avec chaque fois, il est vrai, une sorte
de prépondérance de certains aspects, liée aux
conditions et aux nécessités de l'évolution
humaine. Les principes fondamentaux ne varient
jamais. [...] C'est ainsi que d'aucuns, mal éclairés,
voient des " religions nouvelles " là où il n'y a que
des interprétations différentes, ou des revêtements
extérieurs différents, d'une même religion éternelle. Lorsqu'une vérité éternelle descend dans le
plan humain – c'est-à-dire dans le monde de la
multiplicité : multiplicité des races, des langages,

---

1. *Aspects de la civilisation africaine, op. cit.*, p. 50.

des façons de comprendre, etc. –, des différences extérieures apparaissent, et c'est inévitable. Il faut l'accepter comme une des conditions de la vie humaine, mais essayer de nous retrouver, par-delà ces différences, sur ce qui est essentiel.

« Les Prophètes sont considérés comme des rayons lumineux émanant d'une même source. Le soleil est unique, mais ses rayons se multiplient dans toutes les directions, afin que nul ne soit privé de sa lumière.[1] »

« Les divergences tiennent plus aux hommes qu'aux religions elles-mêmes. [...] La Vérité Une, qui appartient à Dieu seul, se révèle chaque fois sous un éclairage différent, pour compléter notre instruction. Mais l'homme ébloui saisit souvent un reflet et ne veut plus considérer les autres rayons de la lumière. Il est dans la nature de l'homme de s'attacher davantage à ce qui différencie qu'à ce qui unit, et ceci n'est pas sans relation avec la difficulté " d'oublier qui on est, et ce que l'on sait.[2] " »

« Chaque être est un prisme. La lumière divine,

1. *Aspects de la civilisation africaine, op. cit.,* p. 67.
2. *Aspects de la civilisation africaine, op. cit.,* p. 92.

qui est l'Essence de la création, est Une. Mais quand elle entre dans un prisme, elle se réfracte en couleurs différentes. On ne voit pas la source de la lumière ; on dit : " Ceci est rouge... ceci est noir... ".[1] »

« Si les chrétiens et les juifs avaient pour Mohammad le dixième du respect que les musulmans vouent à Moïse et à Jésus appelé l'" Esprit de Dieu ", un dialogue efficace en vue d'une entente mutuelle pourrait être établi avec de grandes chances de succès. La probité morale commande cependant de dire que la plupart des musulmans sont loin d'être " à l'écoute " de leurs frères chrétiens et juifs...[2] »

Au cours du même entretien, il proposait à ses jeunes auditeurs une image porteuse de lumière et d'espoir : « Chaque mare de la brousse, petite ou grande, peut refléter le soleil et reproduire son image en entier. Ainsi, pour un seul soleil dans le ciel, des milliers de soleils, petits et grands, peuvent briller à la surface de la terre. Les grands Envoyés de Dieu, les grands saints, les grands

---

1. Sténographie d'un entretien privé.
2. *Aspects de la civilisation africaine, op. cit.,* p.75.

maîtres spirituels sont comme des lacs immenses dont l'eau parfaitement paisible et pure reflète la lumière du soleil sans en altérer un seul rayon. Des foules immenses peuvent venir s'y abreuver. Chacun d'entre nous, même s'il n'est qu'une toute petite mare de brousse, peut essayer de maintenir pure et paisible l'eau de son âme, afin que le soleil vienne s'y mirer tout entier. [1] »

Au cours de sa vie, Amadou Hampâté Bâ a approché toutes sortes de milieux spirituels, religieux ou non. Il ne recherchait pas les invitations, mais, si elles venaient, il n'en refusait aucune. « Quand la foi vient de l'intérieur, disait-il, il n'y a rien qui puisse la perturber. » *Et c'était bien cette totale fidélité à soi-même, liée à l'acceptation bienveillante et chaleureuse de l'autre, qui était l'une des marques essentielles de son attitude. Ouvert à tout dialogue, à tout échange fraternel, il mettait cependant en garde contre les discussions oiseuses :*

« Dieu est toujours au-delà de toute définition formelle. C'est pourquoi nous sommes plus près de Lui quand notre pensée se tait. Dieu ne se pense pas, Il se vit. [2] »

---

1. *Aspects de la civilisation africaine, op. cit.*, p. 62.
2. Interview *Le Soleil* (n° du 4 septembre 1981).

Annexe

A propos du
« symbole de la convergence »

par Hélène Heckmann

Les lecteurs de la première édition de Jésus vu
par un musulman *ayant souvent posé des questions
à propos de ce diagramme, on m'a demandé d'ap-
porter ici quelques précisions, tirées des explica-
tions reçues d'Amadou Hampâté Bâ lui-même.*

*Comme on l'aura remarqué, sur le côté droit du
diagramme la position des emblèmes de chaque
grande religion correspond à l'ordre chronologique
de leur apparition, la plus ancienne étant au-
dessous, la plus récente au-dessus ; puis ces
emblèmes sont présentés de telle sorte que chacun
est tour à tour placé au-dessus des autres.*

*Amadou Hampâté Bâ a logé ce diagramme à
l'intérieur du « chapelet tidjani[1] » non pas pour*

---

1. La Tidjaniya est l'une des grandes congrégations (ou confré-
ries) soufies en Afrique du Nord comme en Afrique noire. Le

sous-entendre une prééminence de sa congrégation sur les religions traditionnelles – ce qui aurait été contraire à l'enseignement tidjani comme à sa propre conviction – mais parce que chacun des cent grains de ce chapelet correspond à l'un des noms de Dieu dans l'Islam. Ces noms (écrits en arabe à côté de chaque grain) étant des attributs divins, ils symbolisent l'ensemble des forces divines à l'œuvre dans la Création tout entière, du plus haut jusqu'au plus bas. Ici, le chapelet symbolise donc le monde dans sa totalité, et c'est pourquoi Amadou Hampâté Bâ y a enclos les symboles des trois grandes religions monothéistes apparues au cours des âges.

La série des noms divins commence en haut, à gauche du taquet central, par le « grand nom » Allâh, *suivi des noms* er-rahmân *(« le Clément », ou « Tout-Miséricorde »),* er-rahîm *(« le Très Miséricordieux »), et* el-mâlik *(« le Roi »), c'est-à-dire les noms divins qui apparaissent, dans cet ordre, au début de la* Fatiha *musulmane*[1]. *On notera qu'en*

chapelet sert à réciter le *wird,* c'est-à-dire l'ensemble des oraisons propres à chaque confrérie, qui ne se substituent pas aux prières canoniques musulmanes, mais viennent s'y rajouter.

1. Cf. *supra,* p. 45

haut, sur la droite, le sixième grain n'a été affecté d'aucun nom. La tradition musulmane veut en effet que l'on ne connaisse que quatre-vingt-dix-neuf des noms de Dieu, et que le centième, qui contient tous les autres en puissance, reste un mystère inconnu des hommes et qui ne se révèle qu'à de rares élus.

Ce chapelet tidjani lui-même offre une particularité qui n'apparaît pas au premier regard. De même qu'Amadou Hampâté Bâ a symbolisé, dans le diagramme central, le rapprochement entre les trois grandes religions révélées, il a logé discrètement dans le chapelet un symbole d'entente et de réconciliation entre les deux grandes branches tidjaniennes séparées à une certaine époque par les malentendus de l'histoire : la branche « omarienne » dite « douze grains » et la branche « hamalliste » dite « onze grains » – appellations dues au nombre de répétitions, par chacune d'entre elles, de la grande prière tidjanienne « Perle de la perfection »[1].

---

1. Sur la nature et l'histoire de ce conflit, cf. *Vie et Enseignement de Tierno Bokar, le sage de Bandiagara*, Le Seuil, Paris, 1980, coll. « Points-Sagesses ».

Traditionnellement, chez les Tidjanis de la branche dite « douze grains », le chapelet présente, de chaque côté du taquet central, trois sections contenant respectivement douze, dix-huit et vingt grains ; chez les Tidjanis dit « onze grains », ces trois sections contiennent respectivement onze, dix-neuf et vingt grains. Or, on remarquera qu'ici la moitié droite du chapelet commence par douze grains, et la moitié gauche par onze. Manière spirituelle de réintégrer les deux branches dans un même ensemble et de faire comprendre qu'au sein de ce grand cercle de la Tidjaniya, il n'y a et il ne peut y avoir que des frères...

Les nombres qui figurent dans ce diagramme font naître, eux aussi, beaucoup de questions. L'un d'entre eux, le « un », frappe par son absence, car il n'est pas inscrit en haut du taquet central. Source de tous les nombres, il symbolise en effet le grand nom divin source de toute vie et, comme lui, est censé demeurer inconnaissable et in-nommable ; d'où son absence symbolique.

Faute de pouvoir évoquer ici tous les nombres de ce diagramme, je dirai quelques mots de ceux qui figurent dans le cercle central. Ils sont placés au cœur de cette sorte de « roue de la vie » parce qu'ils symbolisent le règne de la lumière totale, autrement dit le monde divin et, par extension, le monde de la pleine Vérité, qui « n'appartient à personne car elle est au centre et n'appartient qu'à Dieu[1] *».*

Les nombres 13, 14 et 15, qui jouent un très grand rôle dans les traditions ésotériques africaines et islamiques, correspondent en effet, dans le mois lunaire, aux trois jours de pleine lune durant lesquels le soleil ne se couche pas avant d'avoir vu apparaître la lune à l'opposé du ciel, ni la lune avant d'avoir vu se lever le soleil, de telle sorte que, durant ces trois jours, la terre n'est jamais privée de lumière.

Les nombres 18, 19 et 20 (en ordre inversé) placés au-dessous sont ceux qui figurent à cette même place dans le schéma numéral de la nativité du Prophète Mohammad évoqué précédemment[2]*. Leur particularité est de donner chaque fois, avec le nombre placé au-dessus, le total 33, nombre majeur évoqué bien des fois dans cet ouvrage. Mul-*

---

1. Parole de A. H. Bâ souvent répétée, à l'Unesco ou ailleurs. Cf. aussi *Oui mon commandant !*, Actes-Sud, Arles, 1994, p. 380.
2. Cf. *supra*, tableau, p. 32.

tiplié par trois, ce total donne à son tour 99, nombre des noms connus de Dieu à l'œuvre dans la Création et figurant tout autour du chapelet.

Les six nombres figurant au cœur du diagramme symbolisent donc la lumière divine à l'œuvre dans le monde, et dont chacune des grandes Révélations est l'une des manifestations.

Ce ne sont là que quelques indications, reçues d'Amadou Hampâté Bâ lui-même, sur certains des aspects évidents, ou moins évidents, de son diagramme...

Lexique

A

Ablution : n.f. Désigne une pratique religieuse qui consiste à se laver rituellement certaines parties du corps en vue de se purifier.

Antéchrist : n.m. (Litt. « avant le Christ »). Puissant personnage, faiseur de miracles et de prodiges, qui, selon les Écritures saintes (Bible et Coran), se manifestera avant la fin des temps, juste avant le retour de Jésus, pour lutter contre lui et prêcher une religion fondée sur l'erreur. On appelle aussi « antéchrists » les faux prophètes censés se manifester avant la fin des temps.

Apostolat : n.m. (Litt. « fonction d'apôtre »). Désigne l'ensemble des efforts faits pour répandre la foi.

Arcane : n.m. Elément de connaissances secrètes, « Mystère » jouant un rôle clé. Dans les religions ou sociétés initiatiques traditionnelles (notamment occidentales), on distingue trois stades de secrets ou arcanes :

Les arcanes mineurs : secrets que le public peut connaître et pénétrer.

Les arcanes moyens : secrets connus d'une catégorie d'initiés.

Les arcanes majeurs : secrets qui ne sont connus que d'une catégorie très réduite d'initiés.

Arithmologie : n.f. Science traditionnelle des nombres, parfois liée – comme dans les traditions judaïque et islamique – à la valeur numérique des lettres de l'alphabet.

Arithmosophe : n.m. Mot créé par A. H. Bâ pour désigner celui qui, à travers l'arithmologie, recherche la « sagesse des nombres ».

B

Bouddha : n.m. (Litt. « l'Éveillé »). Vécut en Inde au VIe siècle avant Jésus-Christ. Ses doctrines donnèrent naissance au Bouddhisme, une religion qui compte des centaines de millons de fidèles en Asie et qui prêche une morale fondée sur le renoncement aux passions humaines, la compassion infinie pour tous les êtres, et la libération de la chaîne des renaissances par l'extinction du moi.

Bréviaire : n.m. Livre dont ne se séparent jamais les prêtres parce qu'il contient les prières qu'ils doivent réciter chaque jour. Signifie ici tout ce qui (proverbe, conte, anecdote) sert de règle de conduite quotidienne.

C

Canon : n.m. Dans ce texte, signifie règle.

Catéchèse : n.f. Enseignement de la religion chrétienne.

Contingent(e) : adj. Qui n'est pas nécessaire, qui peut être ou ne pas être sans pour autant mettre en cause l'existence de Dieu.

Cosmos : n.m. Désigne l'univers considéré comme un tout immense et parfaitement organisé. Dans de nombreux systèmes philosophiques, africains en particulier, le monde est gouverné par des lois sacrées que l'homme doit respecter, sinon il provoque des troubles et calamités tels que foudre, maladie, sécheresse, etc.

D

Diurne/nocturne : adj. « Du jour / de la nuit » : l'aspect diurne est « faste », positif, tandis que l'aspect nocturne est « néfaste », négatif.

E

Ennéagramme : n.m. Tout ce qui est composé de neuf parties.

Ésotérique : adj. Ici : « phase mystérieuse, secrète ». Le mot désigne généralement ce qui est réservé aux adeptes, caché au public. Il peut qualifier aussi tout ce dont le sens n'est pas aisément perceptible.

Essence : n.f. Désigne la réalité intime et permanente d'une chose, d'un être, ou de Dieu ; ce qui fait qu'une chose est ce qu'elle est, ou que Dieu est Dieu.

Exégète : n.m. Qui se livre à l'exégèse, c'est-à-dire à l'interprétation ou l'analyse des textes sacrés ou de tout texte réputé obscur ou difficile.

F

Faste/néfaste : adj. Positif/négatif, ou favorable/ défavorable. La notion de faste et de néfaste existe sous des formes diverses dans toutes les civilisations. Chez les Romains, on appelait fastes les jours où il était permis de vaquer aux affaires publiques et néfastes ceux où c'était interdit, ou déconseillé. Dans les traditions africaines, les signes fastes sont ceux qui annoncent le bonheur, la joie, et les signes néfastes ceux qui annoncent le malheur ou le deuil.

L

Liturgie : n.f. Ordre dans lequel se déroulent les cérémonies et les prières de l'Église ou les rites d'une religion.

M

Maliki : adj. Le « rite maliki » désigne l'une des quatre grandes écoles juridiques musulmanes (écoles maliki, hanafi, hambali et shafihi, du nom des juristes fondateurs). L'appellation « rite » peut paraître abusive, car ces écoles ne modifient en rien les rites fondamentaux de l'Islam et ne diffèrent que sur des points de détail, soit juridiques, soit d'attitude (par exemple le fait, pendant la prière, de tenir ses bras repliés sur la poitrine ou le long du corps). Les musulmans d'Afrique noire relèvent en général du rite maliki, lequel prévaut en Afrique du Nord, particulièrement au Maroc.

Masîh (prononcer *Massîh*) : terme coranique signifiant Messie.

Monothéisme : n.m. Par opposition au **polythéisme**,

désigne toute doctrine, toute religion qui n'admet qu'un seul Dieu. Le polythéisme désigne au contraire les religions qui admettent plusieurs dieux. Contrairement à une opinion très répandue, la plupart des religions africaines n'admettent qu'un seul Dieu créateur ou « Être suprême », éternel et tout-puissant, les divers « dieux », ou « forces » n'étant que des manifestations intermédiaires de ce Dieu suprême.

N

Nominal : adj. Signifie ici que le mot ne correspond pas à une réalité effective.

O

Œcuménisme : n.m. Mouvement favorable à la réunion de toutes les religions chrétiennes : une invitation « œcuménique » est donc une invitation qui vient du désir de voir réunies toutes les Églises. Par extension, ce mot désigne aussi parfois le désir de voir s'entendre et dialoguer les diverses religions (« esprit œcuménique »).

Oint : n.m. Désigne celui qui a été frotté d'huile sainte en signe de consécration (le mot « christ » signifie la même chose). Dans le langage religieux, a aussi le sens symbolique général de « consacré par Dieu Lui-même ».

Orthodoxe : adj. Conforme à la vraie doctrine, la doctrine originelle. En Islam, on désigne généralement de ce nom les Sunnites (de *Sounna*, Tradition) par opposition aux Shiites.

Q

Quantième : n.m. Chiffre qui désigne la date du jour.

S

Syncrétiste : adj. Une « religion syncrétiste » rassemble des éléments empruntés à d'autres religions. Le mot **syncrétisme** désigne un mélange de doctrines ou de systèmes, religieux ou non.

T

Traditionaliste (ou **traditionniste**) : n.m. Mot souvent employé par les ethnologues – et par A.H.Bâ – pour désigner un homme, ou une femme, savant en matières traditionnelles de toutes sortes et apte à les transmettre véridiquement. Ne pas confondre avec le sens moderne du mot qui désigne, de façon péjorative, quelqu'un de figé sur le passé, opposé à tout progrès.

Triade : n.f. Tout groupe constitué de trois parties, ou fonctionnant à partir de trois éléments.

Triade fondamentale : Sorte de triade originelle, principe supérieur d'où découle et sur lequel repose toute triade.

Table des matières